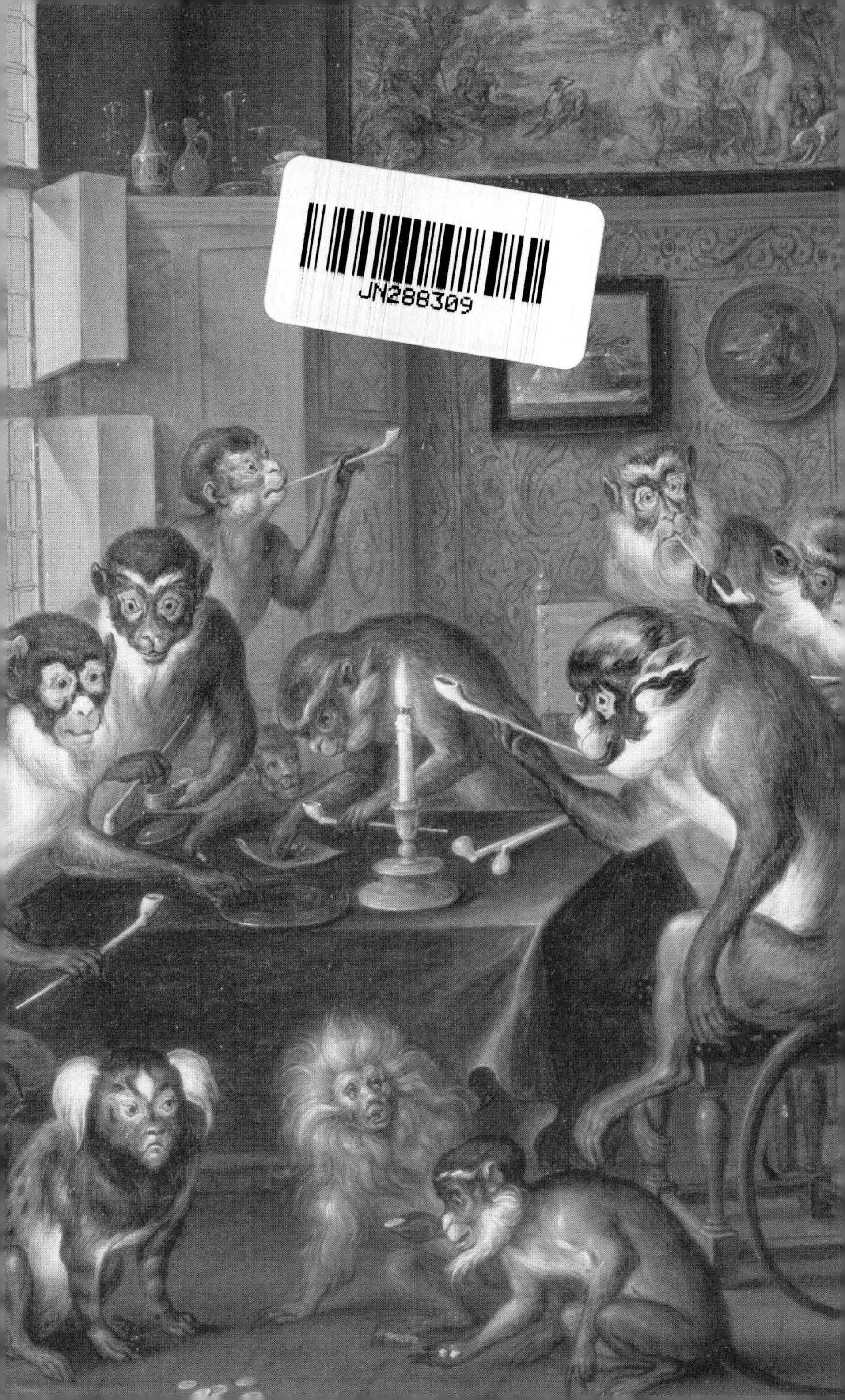

監修者——佐藤次高／木村靖二／岸本美緒

［カバー表写真］
「スモーキング・クラブ」
(19世紀、ウィーン市歴史博物館蔵)

［カバー裏写真］
エミール・ガレ「タバコ花文葉巻入れ」
(1889年、高11.8cm、著者蔵)
表(左)に「喫煙は快楽」、裏(右)に「快楽は煙のごとく儚《はかな》し」の銘文が記されている

［扉写真］
アブラハム・テニールス「猿のタバコ愛好団」
(17世紀、ウィーン美術史美術館蔵)

世界史リブレット 90

タバコが語る世界史

Wada Mitsuhiro
和田光弘

目次

タバコというモノの歴史

今、世界には二種類の人がいる。タバコ▲を吸う人と吸わない人である。いな、噛みタバコなど、タバコの多様な消費形態を考えるならば、正確にはタバコを嗜《たしな》む人と嗜まない人というべきか。ともあれ、五百有余年を遡れば、「旧世界」でタバコを嗜む人はだれ一人いなかった。周知のとおり、タバコはトマトやジャガイモと同じく「新大陸」を起源とし、いわゆる「コロンブスの交換」によって旧世界にもたらされたからである。タバコが世界中に蔓延している現在、その商業的展開が人類史上、極めて「短い」歴史しか有していないことにあらためて留意したい。

ある古い日本製のアニメーション映画に、カエサルが美味しそうに葉巻を吹

▼タバコ　「タバコ」の表記にかんして、製品を「たばこ」、作物・植物を「タバコ」とあえて区別する向きもあるが、本書では一貫して「タバコ」を用いる。史料などの訳文の引用においても、「たばこ」や「煙草」の表記は、可能なかぎり「タバコ」におきかえる方針をとった。なお、ここでタバコの栽培について簡単にふれておきたい。時代・地域によって違いはあるが、おおよそつぎのようになる。タバコの種子が微細なため、まず苗床で育て、ついで畑に移植する。生育にともなって花枝部の切除などをおこない、頃合いをみて幹ごと刈り取るか、下位の葉から順次摘み取って収穫する（前者

の方法は十九世紀まで主流)。収穫した葉の乾燥はタバコ栽培でもっとも特徴的なプロセスであり、水分を除去するだけでなく、化学変化によって独特な味と香りを生み出す。さまざまな方法が用いられてきたが、大別すると、陰干し(空気乾燥、エア・キュアリング)、天日干し(サン・キュアリング)、直接的な火力乾燥(ファイアー・キュアリング)、循環熱風による火力乾燥(フルー・キュアリング)となる。バーレー種は陰干し、オリエント種は天日干し、黄色種はフルー・キュアリングがおもに用いられる。このように乾燥した葉タバコをさらに加工して、種々のタバコ製品・商品がつくられるのである。

かすシーンがでてくるが、これなどは文字どおり戯画的な誤解といえよう。また最近の映画『ロード・オブ・ザ・リング』でも、中世ヨーロッパとおぼしき(むろん架空の話だが)舞台設定にもかかわらず、登場人物はパイプを燻《くゆ》らしている。ヨーロッパ文明(らしき話)ならば、タバコが登場すれば火器もまた登場しなければならない。むろんファンタジーの細部に目くじらを立てることもないが、弓矢しかでてこない話にタバコはいかにも不自然であろう。われわれはあまりにタバコの存在に慣らされているために、あたかも古今東西、タバコが人類の「友」であったかのごとき印象をいだきがちであるが、世界史の長いタイムスパンで考えれば、大規模な商業ベースでタバコ、とりわけ紙巻タバコがつねに身近にあるという状況は、むしろ異常といってもよいのである。

この本では、かかる異常な状況を歴史的に相対化する視座を提示すべく、紙巻タバコ普及以前のタバコの多様なあり方に注目し、これに比重をおいて紙幅を割くとともに、生産よりも消費の側面に焦点をあてて、さまざまな史資料やデータに依拠しながら簡潔に論じていきたい。もっとも日常の消費行動はかならずしも従来の史料の範疇ではとらえにくいことから、ここでは一つの試みとして、あえて文芸作品も意識的に用いて叙述がより具体的になるよう心がけた。ただし本書はたんにタバコの蘊蓄《うんちく》を語ることを意図してはいない。身近なモノをつうじて歴史をながめるアプローチは、近年の歴史学のみならず、文化人類学なども関心を共有する効果的な接近法なのである。例えばタバコと並ぶ近世の国際商品たる砂糖を俎上に載せたシドニー・ミンツ▲の研究などはその典型であり、彼はさらに、地球規模で広がる嗜好品を構成する三大物質、すなわちニコチン、カフェイン、エタノールにとどまらず、麻薬にいたるまで幅広く視野におさめたアプローチの有効性を主張している。

本書もこのような研究動向と軌を一にするものであるが、タバコが語る世界史を標榜しながらも、そこで欧米が演じた役割の大きさと著者の浅学ゆえ、比重はいわゆる西洋史の範疇におかれることになる。この点について、あらかじめご海容をお願いしたい。

▼シドニー・ミンツ（一九二二〜二〇一五）　アメリカの文化人類学者。カリブ海域を主たるフィールドとし、『甘さと権力――砂糖が語る近代史』（川北稔・和田光弘訳、平凡社、一九八八年〈ちくま学芸文庫、二〇二一年〉）、『聞書　アフリカン・アメリカン文化の誕生――カリブ海域黒人の生きるための闘い』（藤本和子編訳、岩波書店、二〇〇〇年）などの著書がある。

①—未知との邂逅

タバコの始まり

タバコは自然界における最大の科の一つ、ナス科タバコ属に分類され、現在、栽培種二種、野生種六四種、園芸種一種の計六七種が確認されている。われわれがふだんタバコと呼ぶ種は栽培種のニコティアナ・タバクムで、一〜三メートルの高さに育ち、大きな葉をつける。今日世界各地で栽培されているが、これにたいしてもう一つの栽培種ニコティアナ・ルスティカ（マルバタバコ）は背が低く、小さく肉厚な葉をつけ、ごく限られた地域でのみつくられている。いずれも原産は南米アンデス山脈であり、この二種以外の野生種四三種も南北アメリカでみられる。したがってタバコ属の故郷はアメリカ大陸と考えられるが、例えば二〇の野生種がオーストラリア地域で認められるところから、タバコの祖先種はかつて大陸同士がつながっていた時代にこれらの地域に分布し、大陸の移動で固有の種に分化していったとされる。もっとも大陸移動の結果形成された新旧両大陸は、およそ一万数千〜二万数千年前の氷期には陸橋《ランド・ブリッジ》となっ

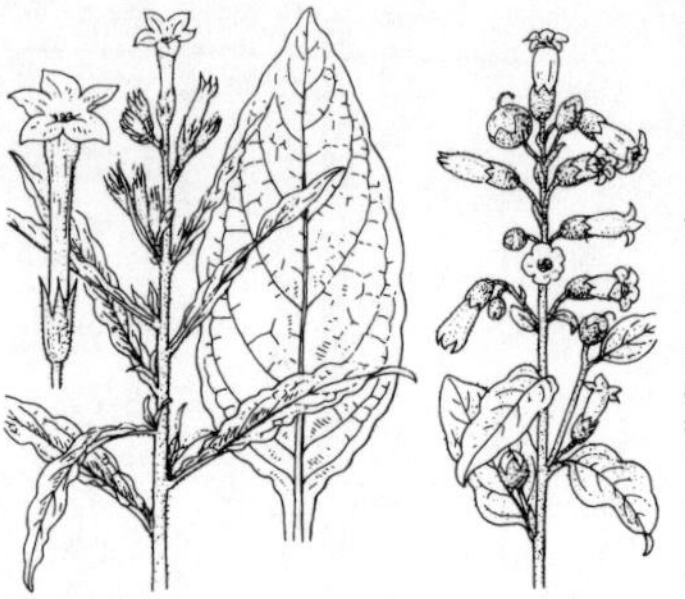

ニコティアナ・タバクム(左)とニコティアナ・ルスティカ(右)

▼L神　ドイツのマヤ学者シェルハスの考案したマヤ神の分類法にもとづいて、Lと呼ばれる地下世界の神。ユカタン半島の基部に位置す

るパレンケは、マヤ文明古典期(三世紀〜十世紀初め)の遺蹟で、このレリーフは「十字の神殿」にある。

▼ディエゴ・デ・ランダ(一五二四?〜七九)　スペインのフランチェスコ会士で一五四九年にユカタン半島にわたり、マヤ人への布教を強行した。『ユカタン事物記』は一五六〇年代に執筆され、その民俗学的記述は史料的価値が極めて高い。

▼ラカンドン族　グアテマラとの国境近く、メキシコ・チアパス州の密林に暮らす少数民族。マヤの末裔で、十九世紀末まで外界との接触がなかった。白い貫頭衣を着て原始的な生活様式を維持しつつも、貧困のなかでしだいに商業ベースの観光などに組み込まれつつある。

▼ヨーロッパ人との邂逅　ただしコロンブスより四〇〇年以上も前に、ヴァイキングがすでに北米大陸にたどり着いていたとの説が有力である。だがその記憶はその後のヨーロッパ人の世界認識に変化をもたらすことなく、歴史の闇のなかに埋没してしまう。

たベーリング海峡によって結ばれており、この陸橋を通ってシベリアから「新大陸」にわたったモンゴロイドの人びとが、この地の文字どおり先住民となった。しかし氷期が終わり、水位があがって陸橋が水没すると、両大陸はたがいに閉ざされてしまう。かくして大陸移動やその後の環境変化によって、タバコ属はヨーロッパ人にとって「未知の地《テラ・インコグニタ》」に封印されたのである。

閉ざされたアメリカ大陸で、先住民たちがタバコを用いるようになったのはいつごろなのだろうか。マヤのパレンケの神殿に「L神▲」と分類される老神のレリーフがあり、この神が葉巻もしくはパイプを吸っている。したがってこの神殿が建設された七世紀末にはすでにタバコが用いられていたことはまちがいないが、その他の出土資料から、これよりもはるかに遡る可能性が高い。マヤ人の喫煙についてはスペインによる征服後の史料、ランダ▲『ユカタン事物記』にもふれられており、ラカンドン族▲は原始的な葉巻を今に伝えている。

ともあれタバコの歴史は、コロンブス以前と以後で大きく二分されるといってよい。ヨーロッパ人との邂逅▲によってその封印が解かれたからである。そして邂逅の最初期にヨーロッパ人の探検家や聖職者たちが残した記録は、アメリ

ニコティアナ・タバクムでつくった葉巻を吸うラカンドン族の女性（一九七八年）

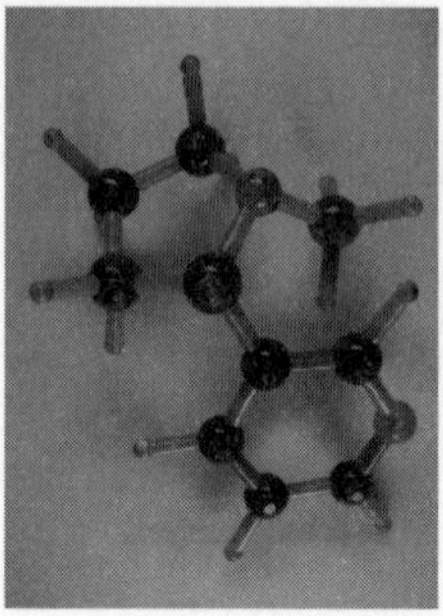

ニコチン（$C_{10}H_{14}N_2$）の分子構造

カ大陸で営々と積み重ねられてきた先住民たちとタバコとの関係を解き明かす貴重な史料となっている。

　ではそもそも人類はなぜタバコを栽培してきたのだろうか。換言すればタバコをほかの植物から分かつ特徴とはなになのか。端的に答えるならばそれはニコチンの存在ということになろう。ニコチンは身体に生理的変化をもたらすアルカロイド（植物塩基）で、とりわけ栽培種には多くのニコチンが含まれている。さらに喫煙によるニコチンの吸収速度は非喫煙による摂取形態、例えば嚙みタバコや嗅ぎタバコよりも速く、なかでも紙巻タバコの場合、パイプ喫煙や葉巻をも凌駕し、一五～二〇秒で身体の隅々にまで達する。すみやかに吸収されるこのアルカロイドの依存性こそが、さまざまな意味で人類を虜にしてきたのである。「新大陸」のタバコに最初に遭遇したヨーロッパ人たちも、やがてこの禁断の快楽に身を委ねることになる。

タバコとの出会い

　新世界で先住民のタバコと出会った最初のヨーロッパ人は、むろんコロンブ

●――アメリカ南部とカリブ海周辺（国名は現在のもの）

ス▲一行で、一四九二年のことである。もっともコロンブスは自らの到達した地をアジアの一部（インディアス）と信じ、先住民をインディオ（インディアン）と呼んだ。つまり彼の認識のうえで「新大陸」は存在しなかったともいえる。このあまりに有名なコロンブスの第一次航海にかんして、彼自身の手になる直接の史料は航海日誌と報告書簡▲のみであり、後者にはタバコについての言及はない。前者の航海日誌は原本・写本ともに現存しておらず、今日伝わっているのはコロンブス家が保管していたと思われる写本を参照しつつ、ラス・カサス▲が転記した抄録・摘要である。ラス・カサスはこれをさらに敷衍《ふえん》して、のちに『インディアス史』▲を書き上げることになる。またコロンブスの息子エルナンドも、失われた写本を用いて『コロンブス提督伝』▲を著している。

　ともあれラス・カサスの写記した航海日誌には、つぎのような重要な記述がみえる。「大海原で、男がただ一人乗る丸木舟と出会った。……乾燥した草の葉を二、三枚持っていた。この葉はすでにサン・サルバドール島で贈り物としてわたしに届けてきたことがあり、彼らの間では貴重品にちがいないと考える」（青木康征訳）。つまりコロンブス一行は到着直後に早くも先住民のタバコ

▼コロンブス（クリストーバル・コロン、一四五一?～一五〇六）　イタリアはジェノヴァ生まれ。インディアスに西航すべく、スペインのイサベル一世の援助をえてバハマ諸島に到達。計四回の航海をおこなうが植民地経営の実効もあがらず、失意のうちに死去した。

▼報告書簡　コロンブスが新世界からスペインへの帰途に記した書簡で、早くから各国語訳が出版された。原本は失われている。

▼バルトロメー・デ・ラス・カサス（一四七四～一五六六）　スペインのドミニコ会士。インディオを擁護し、スペインの植民地政策を強く批判した。

▼『インディアス史』　初刊は一八七五年。全三巻で一五二〇年代末ころまでを叙述。コロンブスの第一次航海は第一巻第三五～七五章であつかう。

▼**『コロンブス提督伝』**　著者のエルナンドはコロンブスの庶子で第四次航海に随行。本書はイタリア語に翻訳され、一五七一年にヴェネツィアで刊行。第一次航海は第一六〜四二章。後述するラモン・パネのテクストを含む。

と接しており、さらに数週間後、彼の部下二人はつぎのような光景を目撃する。「集落を往来する大勢の人々が……香煙の出る草を持っていることに気付いた」。

同じ場面をラス・カサスは『インディアス史』のなかでさらに詳しく述べている。「いくつかの枯れ草を、一枚のやはり枯れた葉っぱでくるんだものである。……その筒の一方に火をつけ、反対側から息と一緒にその煙を吸い込むのである。この煙を吸うと……体の疲れを感じないという。……彼らはタバーコと呼んでいる」(長南実訳)。これは明らかに葉巻である。西インド諸島で栽培されていたニコティアナ・タバクムは、その葉の性質から葉巻に成形しやすかったと考えられている。ただしこの具体的な記述はラス・カサスがのちに別途にえた知見を加えて記したものと思われ、彼はつぎのように続ける。「タバーコを吸う癖のついたエスパーニャ人たちを見かけた。そのようなことをするのは悪癖であると私がなじると、もはや今ではそれを吸うのをやめることは、自分の手におえないのだ、と彼らは答えた」。タバコの依存性についての鋭い指摘が、すでにここに認められるのである。

▼アンドレ・テヴェ（一五〇四？～九〇） 一五五五年から翌年にかけて三カ月弱ブラジルに滞在し、五七年に同書を出版。後述のニコよりも早くタバコをフランスにもたらした。のち、カトリーヌ・ド・メディシスの司祭などを務めた。

アンドレ・テヴェの著作にみえる「葉巻」

先住民の喫煙──葉巻・パイプ・タバコチューブ

葉巻らしきものは、フランス人の記したブラジルの旅行記にも登場する。アンドレ・テヴェ▲は『南極フランス異聞』のなかでタバコを「ペトゥン」と呼んでおり、これは現在、園芸植物として人気の高いペチュニアの語源となった。テヴェは先住民がペトゥンを「一枚の非常に大きな椰子の葉」（山本顕一訳）に包んで喫煙するとし、やはりフランスのジャン・ド・レリー▲『ブラジル旅行記』は「大きな木の葉」（二宮敬訳）で巻くと述べている。いずれにしても葉タバコで巻いていないので、これは厳密には葉巻ではないが、形態上はそのたぐいといえよう。

一方、北米大陸では、パイプ喫煙が一般的であった。フランスの探検家ジャック・カルティエ▲の航海記には、極寒の地カナダの先住民男性たちが「石あるいは木で作った小さな角状の道具」（西本晃二訳）で喫煙し、体を温めるようすが記されており、テヴェも「動物の角の先に穴をあけた」（山本訳）パイプで喫煙するとしている。また北米東部はとりわけパイプの使用が儀礼の場で重視され、パイプの回し飲みなどによって約束事が公的に確認された。カルメット（平和のパイプ）として知られるこのような儀礼的なパイプによる喫煙は、歌や踊り、物品の交換などを含む儀礼複合体の一部をなし、十九世紀以降も、例えばロングフェロー▲の『ハイアワサの歌』などにみられるように、アメリカ人の先住民イメージを決定づけていたのである。彼らが用いたタバコはくだきやすいマルバタバコと考えられるが、トウモロコシや豆などの食用作物に優るとも劣らない重要性を有していた。タバコは精霊の糧として互酬的な贈与物と位置づけられ、喫煙をつうじてシャーマンは精霊と交信し、例えば病因を探るなどしたのである。

　スペインの公式な記録者《クロニスタ》で、ラス・カサスの論敵ともいえるオビエド▲は、カリブ海域での二股の管による喫煙について、一五三五年に上梓した『インディアスの博物誌ならびに征服史』のなかでふれているが、これは後述の嗅ぎタバコ（コホバ）の風習を混同したとの説もある。オビエドはこの喫煙道具や代用の茎を「インディオたちはタバコと呼んでいる」（染田秀藤・篠原愛人訳）と記し、先住民は喫煙が「健康にいいばかりか、非常に神聖なことだと理解して」おり、スペイン人もその習慣に染まっていると指摘している。じつはこの文章は文献

▼ジャン・ド・レリー（一五三四～一六一三）　一五五七～五八年の約一〇カ月間ブラジルに滞在し、二〇年後の七八年に同書初版を出版。カルヴァン派の聖職者としてフランスでの新教の普及に尽力。サン・バルテルミの虐殺の余波をかろうじて逃れた。

▼ジャック・カルティエ（一四九一～一五五七）　一五三四年から四二年にかけて計三回、カナダへの探検航海をおこなう。航海記の原本は失われており、筆者は定かでない。

▼H・W・ロングフェロー（一八〇七～八二）　当時のアメリカの国民的詩人でハーバード大学教授。『ハイアワサの歌』（一八五五年）は先住民の伝説上の英雄を主人公とした長編物語詩。

▼ゴンサロ・フェルナンデス・デ・オビエド（一四七八～一五五七）　いくども大西洋を往来し、長い現地経験にもとづいて同書第一部を執筆。先住民を野蛮な存在と断じ、スペインによる征服を正当化した。

上でのタバコの語の初出とされるが、前述したように当時、出版はされなかったもののラス・カサスも早々と用いている。ともあれタバコの語源には諸説があり、確定的なことはいいにくい。

メキシコでは、西部のミチョアカン地方の人びとが脚付きパイプで喫煙するようすが『ミチョアカン報告書』▲に描かれており、さらにアステカを征服したコルテスの部下、ベルナール・ディアスの『メキシコ征服記』▲には、アステカ王モクテスマ二世が、芳香油と「タバコという草を混ぜ合わせたもの」(小林一宏訳)が詰められた「模様の描かれた筒」に火をつけて喫煙するようすがみえる。当時の絵文書にも散見されるこのタバコチューブは「葦の茎」でつくられ、市場でも売られていた。アステカにはイツィエトルとピシエトルと呼ばれる二種類のタバコの存在が確認されるが、このチューブに詰められたのは前者と思われ、後者については例えば十六世紀半ばのモトリニーア▲『ヌエバ・エスパーニャ布教史』のなかで、蛇をも眠らせる「葉草」、「用途の広い草」(小林訳)として登場している。イツィエトルはニコティアナ・タバクム、ピシエトルはニコティアナ・ルスティカと推定されている。

オビエドの描く二股の管

▼**『ミチョアカン報告書』**　アステカに征服されなかったタラスコ族の歴史を綴った作者不詳の書で、四四枚の彩色画を含む。

▼**『メキシコ征服記』**　著者のベルナール・ディアス・デル・カスティーリョはコルテスの信任厚い部下として、メキシコ中央部に覇を唱えるアステカの征服に参加。同書はそれから三〇年以上ものちに書かれたにもかかわらず、細部にわたる詳細な記述を特色とする。

▼**モトリニーア**(一四八二/九一〜一五六九?)　ナワトル語で貧者の意で、本名はトリビオ・デ・ベナベンテ。先住民に共感を寄せつつ布教した聖職者。

嚙みタバコと嗅ぎタバコ——非喫煙方式

コロンブスの「発見」した土地が「新大陸」であることを「発見」したとされ、ドイツの学者ヴァルトゼーミュラー▲の地図によって自らの名を広大な大陸に刻み込むことになったアメリゴ・ヴェスプッチ▲。じつは彼の航海記には、西インド諸島のカリブ族の風習として嚙みタバコにかんする記述があり、喫煙以外のタバコの使用例といえる。「全員が瓢箪《ひょうたん》を二個ずつ首に懸けておりまして、その片方には口の中で嚙むあの草をいれておき、もうひとつには石膏をくだいたような白い粉末をいれておきます。……頰の両側にある草を粉でまぶすのです」（長南実訳）。この「白い粉末」は石灰と考えられ、ニコチンの摂取を促進する役割をはたした。

さらに喫煙以外の使用法として、嗅ぎタバコと思われる風習も確認される。西インド諸島の「コホバ（コオーバ）▲」である。エルナンド『コロンブス提督伝』は、コロンブス自身の言葉としてつぎの文句を引用する。「二股の竹を鼻孔にさしこんでこの粉をかぐ。……彼らはこの粉末で感覚を失い、酔っ払いの

▼マルティン・ヴァルトゼーミュラー（一四七五?～一五二二）　学者仲間とともに一五〇七年に刊行した『世界誌入門』に世界地図を付し、そこにアメリゴの名を冠した「新大陸」をはじめて描き込んだ。

▼アメリゴ・ヴェスプッチ（一四五四～一五一二）　フィレンツェ生まれの航海者。一四九九年以降、数回にわたって「新大陸」を探検し、記録を残した。

▼コホバ　今日、「コイーバ」はキューバのハバナ産最高級葉巻のブランド名として、世界中にその名をとどろかせている。

ように狂った」(吉井善作訳)。『提督伝』のなかに組み込まれたラモン・パネ▲のテクストはつぎのように述べる。「コホバは偶像に祈るためのものであり、また富を得られるよう祈願するためのもの」。「コホバを調製し……鼻で嗅ぎつけ、コホバに陶酔している間に頭に浮かんだ幻像を話す」。コホバは偶像崇拝と一体化し、病気治癒や戦勝祈願、予言、占いなどの機能を有していたのである。

さらにラス・カサス『インディアス文明誌』▲は、ラモン・パネのテクストから適宜引きつつも、より詳しい。彼は先住民が粉末に「火をつけ」(染田秀藤訳)ると記すが、おもに吸い込むのは煙ではなく、あくまでも「あらかじめ用意した量の粉末」である。「その粉末や祭儀つまり儀式のことを……彼らの言葉でコオーバ」といい、呪術師や部族の有力者などがこの儀式をおこなって、重要な問題を協議したり解決したりするさいに「酩酊状態」となり、「偶像に助言を求め」たのである。

このコホバははたしてタバコなのだろうか。その効力の強さから、先住民たちが用いたさまざまな幻覚性植物も候補にあがっている。ただ、当時のタバコが高濃度のニコチンやその他のアルカロイドを含んでいたため、幻覚を生じさ

▼ラモン・パネ(生没年不詳)　カタルーニャ生まれの修道士。コロンブスの第二次航海に随行し、エスパニョーラ島タイノ族の生活を克明に記録。その原稿は一四九八年にコロンブスにわたされたとされるが現存せず、テクストが『コロンブス提督伝』に組み込まれて今日に伝わっている。

▼『インディアス文明誌』　全三巻二六七章からなり、先住民を擁護するラス・カサスの民俗学的著作。編年体の『インディアス史』と対をなし、ほぼ同時期に執筆された。

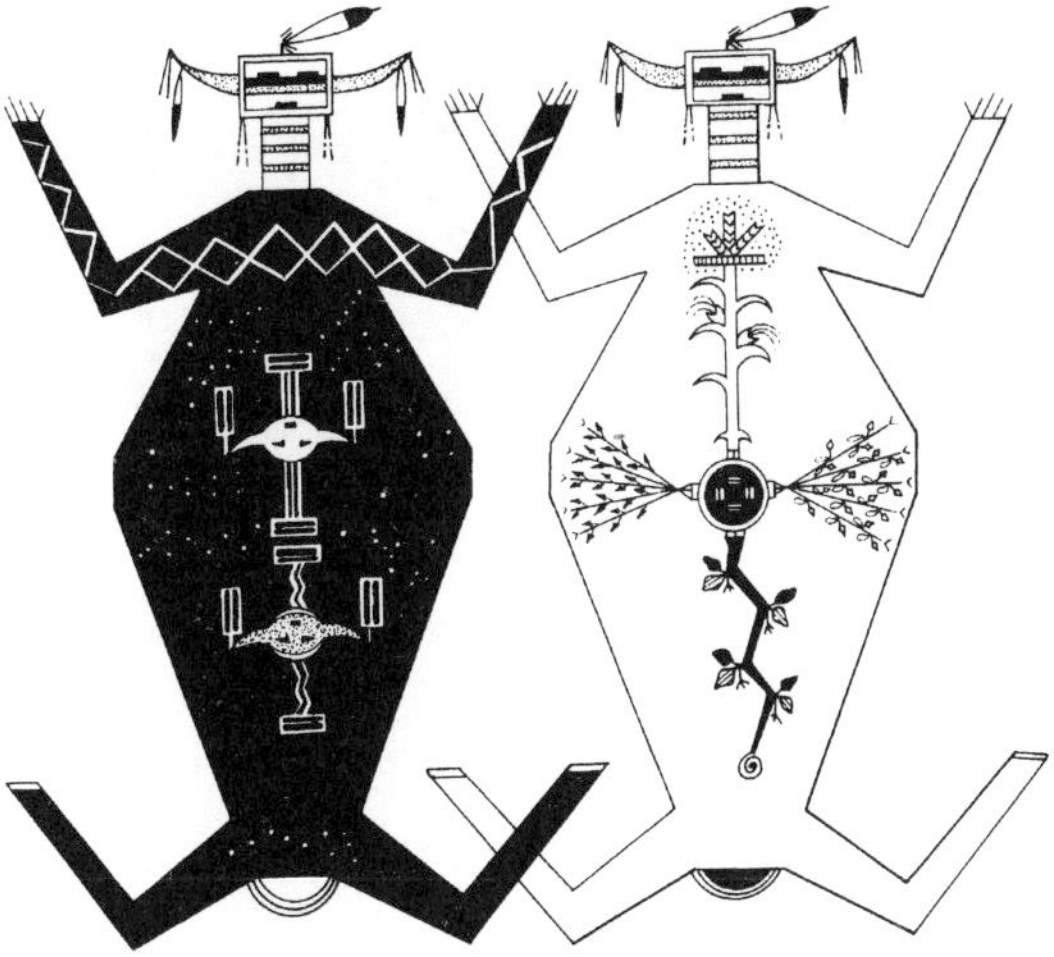

●—**北米ナバホ族の描いた天空の父と大地の母の図**
大地の母(右)には種々の概念を表象する聖なる四つの作物が書き込まれているが、食用でないのは左側に位置するタバコだけである。

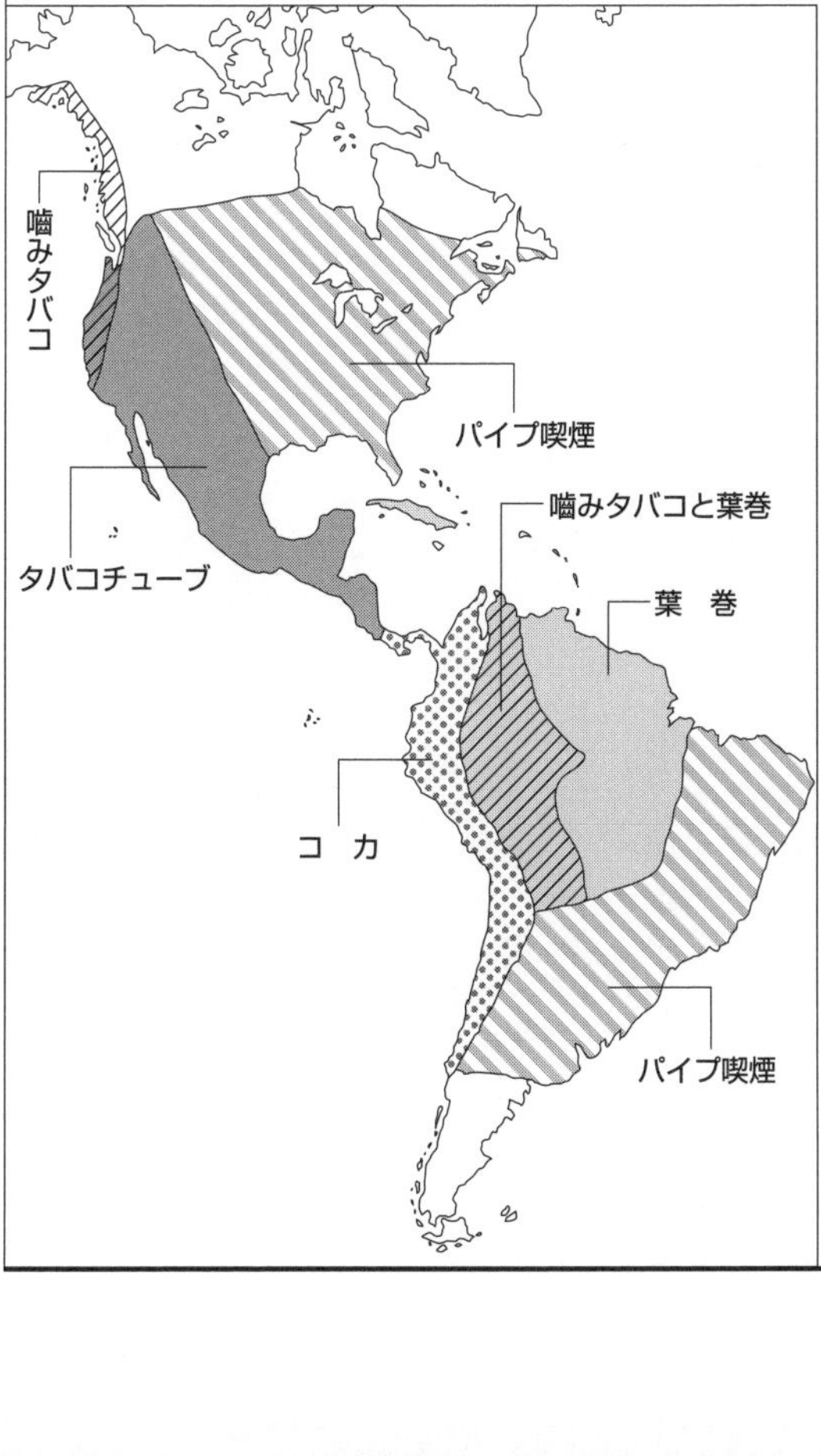

●—**十五世紀末におけるアメリカ先住民のタバコ使用法の分布図**
(コカを含む。また嗅ぎタバコを除く)

せえたとの説や、タバコをほかの幻覚性植物とまぜて用いたとの説もある。ともあれタバコは、その効果が予測可能で比較的短時間に消え、同じナス科のチョウセンアサガオのように命の危険をともなうことがなく、効能のレパートリーも広かったため、種々の場面で用いられたのである。

さらにアンデス高地での嗅ぎタバコの使用について、インディオとスペイン人の混血、インカ・ガルシラソ・デ・ラ・ベガ▲の『インカ皇統記』はつぎのように簡潔に記している。「スペイン人がタバコと呼び、インディオがサイリと呼んだ草……は、さまざまな用途で大量に消費された。例えば、それらを粉末にして、鼻から吸い込むと、頭をすっきりさせる効果があった」(牛島信明訳)。ただしこの記述についてタバコ史家のJ・E・ブルックスは、そもそもコカを噛む習慣を有していたこの地での嗅ぎタバコの用法は、むしろスペイン人によってもたらされた新しいものだとしている。実際、同書でのタバコの位置づけはほかの産物と比べてかなり低く、また同じたぐいの文献でもアンデス高地におけるタバコの使用に言及したものはあまり目にしない。たいするコカについては同書も詳細に記しており、さらにペドロ・ピサロ▲の記述によればコカは

▼インカ・ガルシラソ・デ・ラ・ベガ（一五三九〜一六一六）　母はインカ皇女、父はスペイン人征服者。成長してスペインにわたり、記録者（クロニスタ）として著述に従事。全九巻の『インカ皇統記』は一六〇九年に刊行。

▼ペドロ・ピサロ（一五一四〜八七）　一五三三年にインカ帝国を滅ぼしたスペインの征服者フランシスコ・ピサロのいとこ。フランシスコに同行。その著作『ピルー王国の発見と征服』は一五七〇〜七一年に執筆。

インカ皇帝の厳しい管理下におかれ、一部の者にしか使用が認められていなかった。

つまりタバコの野生種の存在や考古学調査の出土品などからみて、この地でインカ帝国▲成立以前からタバコが用いられていたことは確実だが、タバコはコカにいわば凌駕された状態にあったといえよう。そしてコカ、タバコとも、スペイン人の征服によって、その使用が先住民に広く開放されていったのである。

このように一部地域ではコカによる代替の可能性がありえたものの、先住民はさまざまな方法でタバコを用いた。すでにみたように喫煙方式としては葉巻やパイプ、タバコチューブなど、非喫煙方式としては嚙みタバコ、嗅ぎタバコ、さらには虫歯や傷口に汁をぬったり、飲んだり、浣腸したりするなどである。アメリカ大陸の北から南まで、農耕をしない部族にもタバコの栽培は広まっており、幻視から医療、儀礼、社交にいたるまで、アメリカ先住民にとってタバコは文化・社会のなかに分かちがたくうめこまれていた。多様な使用法と多面的な意味・機能。タバコは決してたんなる作物の一つではなかったのである。

▼インカ帝国　今日のペルーを中心に十四世紀から勢力を拡大し、多民族をインカ皇帝の権威のもとに統合した帝国。ケチュア語でタワンティンスユと称する。文字にかわるキープ(結節縄)や精緻な石造建築、優れた連絡・交通システムなどを特徴とする。

万能薬の福音

このようにさまざまなタバコの使用法に遭遇したヨーロッパ人たちは、もっとも身近に接した先住民の使用法にとりわけなじみ、本国に伝えたとされる。すなわちイギリス人はパイプ喫煙、スペイン人は葉巻といった具合である。だがこの異文化の植物は、どのようにしてヨーロッパに受け入れられたのだろうか。象徴的な人物としてしばしば取り上げられるのが、ポルトガル駐在のフランス公使ジャン・ニコである。今日、ニコチンに名を残す彼は一五六〇年ころ、タバコの薬効を確信して薬草園で栽培するとともに、フランス宮廷にも献上してカトリーヌ・ド・メディシスの頭痛を嗅ぎタバコでなおしたとされる。かくして社会の最上層の承認をえたタバコは、底辺にまで浸透していくことになる。だが、タバコの社会的承認にもっとも大きな影響を与えた人物をあげるならば、それはセビーリャの内科医ニコラス・モナルデスでなければならない。

モナルデスは自らアメリカ大陸に赴くことはなかったが、情報を丹念に収集してタバコを栽培し、一五七一年に薬草誌を著した。その第二部で彼はタバコを万能薬と説き、多彩な薬効のみならず空腹や渇きを癒す効果などを称え、当

▼**ジャン・ニコ**（一五三〇?～一六〇〇）　皮肉にもニコ自身がタバコを用いたという記録はない。タバコが「ニコティアナ」と呼ばれるようになったことにたいして、「ペトゥン」をフランスに持ち帰ったテヴェは不満をもらしている。

▼**カトリーヌ・ド・メディシス**（一五一九～八九）　フィレンツェのメディチ家の出でフランス国王アンリ二世の妃。夫の死後は王母、摂政として影響力をふるい、サン・バルテルミの虐殺を引き起こした。

▼**ニコラス・モナルデス**（一五一二?～八八）　『西インド諸島からもたらされた医薬として有用な薬草について』で彼が論じたタバコは、ニコティアナ・タバクムであったと考えられる。

時の正統な医学体系たるガレノスの体液説（四体液説▲）にタバコを適切に位置づけたのである。およそあるモノが一つの文化から別の文化へ移植されうるか否かは、受け入れる側の文化において、この新しいモノの意味づけがなされうるかどうかにかかっている。タバコの医学的意味づけ、文化的組込みに成功した彼の著作は、ヨーロッパ各国語に翻訳されて版をかさね、少なくとも二世紀ものあいだ、そのままのかたちで受け入れられたのである。

アメリカ大陸の自然と文化を概観して有名なアコスタ▲『新大陸自然文化史』もモナルデスの書物に言及し、インカ・ガルシラソ・デ・ラ・ベガ『インカ皇統記』もモナルデスの名をあげつつ、つぎのように記している。「この植物の多くの薬効はスペインでも確認され、その結果、聖なる草の名が与えられた」（牛島信明訳）と。むろん先住民にとってタバコへのアプローチは総体的なものであり、医薬としてのタバコの機能はほかのさまざまな機能と切り離すことはできなかった。超自然現象をも含む世界観、宇宙観のなかに組み込まれていたからである。だがタバコにかんしてヨーロッパ人がもっとも感銘を受け、また理解しえたのは、医薬、万能薬としての側面であった。この一種の特化現象を、

▼四体液説　あらゆる物質がもつとされる四つのあいたいする性質（熱・冷・湿・乾）の組合せを、人体の四体液（血液・粘液・黒胆汁・黄胆汁）にあてはめ（例えば血液は熱性で湿性とされる）、不健康を体液の不均衡ととらえる説。古代の医学者ヒポクラテス（前四六〇?～前三七〇?）が唱え、ガレノス（一三〇?～二〇〇?）が体系化したとされ、中世以降も強い影響力を有した。

▼ホセ・デ・アコスタ（一五三九?～一六〇〇）　スペインのイエズス会士。現地体験を踏まえて一五九〇年に刊行した『新大陸自然文化史』は、全七巻の構成。各国語に訳されて広く読まれた。

経済史家のJ・グッドマンはタバコのヨーロッパ化と喝破している。

アメリカ先住民のタバコと最初に接触して世界中に広める役割を担ったのがヨーロッパ人であり、ヨーロッパへのタバコの文化的移転プロセスが成功裏に作動しなければ、そもそも地球規模での連鎖が始動しなかったがゆえに、このタバコのヨーロッパ化は極めて重要な現象といえる。同じ「新大陸」の依存性の植物でもコカはヨーロッパ化に失敗し、したがってタバコのようにグローバル化することもなかった。モナルデスもコカについてふれてはいるが、その扱いは概して冷たい。アメリカ大陸で広く栽培されていたタバコは多くのヨーロッパ人の目にとまっただけでなく、植物学的にはヨーロッパ原産でナス科の有毒植物ヒヨスの変種として位置づけられた。一方、コカはもっぱらアンデス高地の先住民のものとのイメージから脱却できなかったのである。コカインが精製されて「世界展開」するのは、はるかのちにまた別の文脈においてである。

ただし医学者も含めて、当初からタバコの普及に反対する者がいたことも忘れてはならない。早くからタバコの習慣性が認識されたこともあって、体液説に依拠しつつもタバコは万能薬どころか体に悪いと主張する論者や、痰壺の使用など、喫煙の見栄えの悪さを批判する者、火災の危険から反対する者などがあった。さらに異教徒の風習として非難する向きも多く、教皇庁は聖職者のタバコの使用にたいして何度も禁令を発している。

だがそもそも近世、なかんずく十六世紀のヨーロッパ人は、かならずしも「合理的」であったわけではない。彼らはおだやかな幻覚体験ともいえる状態が常態である世界に生きていた。魔術に関連したもののほかに、とりわけ下層の民衆たちは不純物を含んだ食べ物や、幻覚作用をもつ麦角《ばっかく》などに汚染された穀物を摂取していた。飢えとおだやかな幻覚体験ゆえに、関心の対象が空腹感を押さえる向精神性の植物、なかでも精神に急激な変化をおよぼさないタバコへと向かったのは、いわば自然の流れであったかもしれない。種々の反対論にもかかわらず、タバコはこのように私的な民衆世界で受容されるとともに、そのヨーロッパ化によって公に受容・承認されるための——たとえ建前であってもー——重要な鍵をえて、広くヨーロッパ文化に組み込まれていくのである。

世界への伝播

タバコはヨーロッパからさらにアジアへと伝播していく。一五七五年ころ、スペイン人がメキシコからフィリピンへ持ち込んだのが最初とされ、ガレオン貿易▲の一環であった。しかしすでに東南アジアや南アジアでは独自の嗜好品文化が定着していた。ビンロウの実（ビンロウ子《じ》）と石灰をキンマ（ベテル）の葉で包んで嚙むベテル・チューイングである。このベテル・チューイングにかんするヨーロッパ人の証言には事欠かない。早くも十五世紀末の南インドや一五二〇年代のボルネオなどについて、それぞれヴァスコ・ダ・ガマやマゼラン▲の航海記にその記述がみえ、その後フィリピン、スマトラ、ジャワ、タイなどを訪れたスペイン人やオランダ人らの記録も残っている。一六三〇年代に書かれたファン・フリート▲『シアム王国記』にはさらにタバコも一緒にでてくるが、すでに十六世紀末のファン・ネック▲の航海記に、モルッカ諸島（香料諸島）では「タバコを奴隷たちがいつも持ち歩いてさかんに吸っている」（渋沢元則訳）などの文言があり、この地でつとに葉タバコも栽培されはじめていることが確認できる。また十七世紀半ばのファン・フーンス▲『ジャワ旅行記』には、パイプ喫

▼ガレオン貿易　スペイン領のフィリピンとメキシコを結んだ大型帆船ガレオン船による貿易。この貿易をつうじて大量のメキシコ銀がアジアに流れ込んだ。

▼ガマやマゼラン　ポルトガルのガマ（一四六九?〜一五二四）はインド航路を開拓し、マゼラン（マガリャンイス、一四八〇?〜一五二一）はスペインの援助をえて、世界周航を史上はじめて成しとげる船団を率いた。

▼ファン・フリート（一六〇二〜六三）オランダ東インド会社に勤務。平戸やタイのアユタヤに赴任した。

▼ファン・ネック（一五六四〜一六三八）　オランダによる東方への第二次航海を率いた提督。

▼ファン・フーンス（一六一九〜八一）オランダ東インド会社の商務員で、のちに総督を務めた。

煙がベテル・チューイングとともに嗜《たしな》まれるようすが描かれている。さらにパイプ以外の手軽な喫煙方法として「ブンクス」も指摘されよう。これは刻んだタバコをトウモロコシなどの乾燥葉で巻いて両切にしたもので、早くも十七世紀初頭にフィリピン、半ばにはジャワで確認され、種々のルートでビルマ（ミャンマー）やインドに伝わって、十八世紀初頭には両切葉巻の「チェルート」として当地のタバコ文化に組み込まれたのである。

このようにパイプ喫煙やブンクスはベテル・チューイングを補完しつつ、従来のさまざまな儀礼のなかに浸透した。またビンロウの薬効が信じられていたことから、タバコの薬効もまた容易に類推されたのである。十八世紀半ば過ぎにはさらにタバコをまぜたベテル・チューイング、すなわち一種の嚙みタバコが生み出されるにいたる。これは文字どおり在来・外来文化のハイブリッドといえよう。その後、インドネシアやフィリピンでは、オランダやスペインの植民地政策の影響もあってタバコのプランテーション経営が展開し、今日でも葉巻葉の産地として名高い。

わが国へタバコがその薬効とともに伝えられたのは一六〇〇年前後、フィリピン経由と考えられている。中国へもほぼ同時期、明代晩期にやはりおもにフィリピンから直接・間接に福建あたりに持ち込まれたとされている。このころ中国を訪れたイタリアのイエズス会士マテオ・リッチ▲の関与を指摘する向きもあり、その著作に葉タバコらしき言及も認められるものの判然としない。喫煙の広がりをきらった明最後の皇帝、崇禎《すうてい》帝▲は禁令を出したが効果はなかった。中国でもやはり本草誌などでタバコの薬効が説かれ、これが文化的受容を促進したのである。清代には男女を問わず喫煙が普及し、タバコを嗜まない者は「明代の人」といわれたという。ただしタバコ生産の拡大は一方で食糧生産を圧迫する恐れがあったことから、農政上、否定的な見方も強く、喫煙をしなかった康熙《こうき》帝▲や雍正《ようせい》帝▲は禁令を発した。だが両帝とも鼻烟《びえん》（嗅ぎタバコ）を好み、芸術的な鼻烟壺《びえんこ》（嗅ぎタバコ入れ）の収集・製造に執着したため、その使用は庶民にも広まった。かたちのうえで続いていた政府の禁煙策は、やがてアヘン問題に関心が向かうにつれて消え去ってしまうのである。

　イスラム世界へもタバコは最初、医薬として導入された。トルコへは十七世紀初頭にイギリス商人によってもたらされたと考えられるが、喫煙はコーラン

▼**マテオ・リッチ**（利瑪竇、一五五二〜一六一〇）　イタリアのイエズス会士。万暦帝治下の中国にヨーロッパの学術知識を伝えた。著書『中国キリスト教布教史』には雲南や福建でのベテル・チューイングの記述がある。

▼**崇禎帝**（一六一〇〜四四、在位一六二七〜四四）　明の第一七代皇帝。李自成らの反乱軍に追い詰められて縊死し、明は滅亡した。

▼**康熙帝**（一六五四〜一七二二、在位一六六一〜一七二二）　清の第四代皇帝。学術を奨励して『康熙字典』などを編纂させるとともに、対外的には台湾や外モンゴルなどを服属させ、名君と謳われた。

▼**雍正帝**（一六七八〜一七三五、在位一七二二〜三五）　清の第五代皇帝。康熙帝の子。在位期間は比較的短いが、軍事・行政上の最高機関となる軍機処を創設するなど、清朝の基礎をかためた。

の教えに反するとの見解も根強く、また火災の危険性もあってオスマン朝のスルタン、アフメト一世や子のムラト四世は禁令を出して残酷な刑罰を科した。同時期にポルトガル人によってタバコが持ち込まれたペルシア（イラン）でも、サファヴィー朝のアッバース一世やサフィー一世が断続的に喫煙者の処刑をおこなっている。インドでは一六〇五年にムガル朝のアクバルにタバコが献上されたとの記録があるが、子のジャハーンギールは禁煙令を発した。

　しかしながらタバコの依存性は、かかる冷酷な弾圧をも凌駕し、これらの地域に広く普及するにいたる。とりわけトルコはオリエント種の一大生産地として重要な位置を占めるようになっていく。また、フッカーなどと呼ばれる水ギセルもイスラム世界で発明され、ムガル帝国に赴いたイギリス人の報告書（一六一六年）のなかに早くもその記述がみえる。水ギセルは容器のなかの水に煙をとおしてマイルドにして吸い込む仕組みだが、その本体は基本的に携帯に向かないため、この喫煙手段はコーヒー片手にみなで一緒にタバコを嗜むという社会的機能を担った。水ギセルは十七世紀末までに中国へも伝わり、小型で金属製の水烟袋《すいえんたい》や竹製の水烟筒がつくりだされた。

▼**アフメト一世**（一五九〇～一六一七、在位一六〇三～一七）　オスマン朝第一四代スルタン。

▼**ムラト四世**（一六一二?～四〇、在位一六二三～四〇）　オスマン朝第一七代スルタン。サファヴィー朝からバグダードを奪回した。

▼**アッバース一世**（一五七一～一六二九、在位一五八七～一六二九）　サファヴィー朝第五代王。中興の祖と呼ばれ、イスファハーンに遷都。

▼**サフィー一世**（在位一六二九～四二）　サファヴィー朝第六代王。アッバース一世の孫。

▼**アクバル**（一五四二～一六〇五、在位一五五六～一六〇五）　ムガル帝国第三代皇帝。寛容な宗教策をとり、帝国の支配を確立した。

▼**ジャハーンギール**（一五六九～一六二七、在位一六〇五～二七）　ムガル帝国第四代皇帝。宗教寛容策を継承し文芸を愛好したが、後半は治世がみだれた。

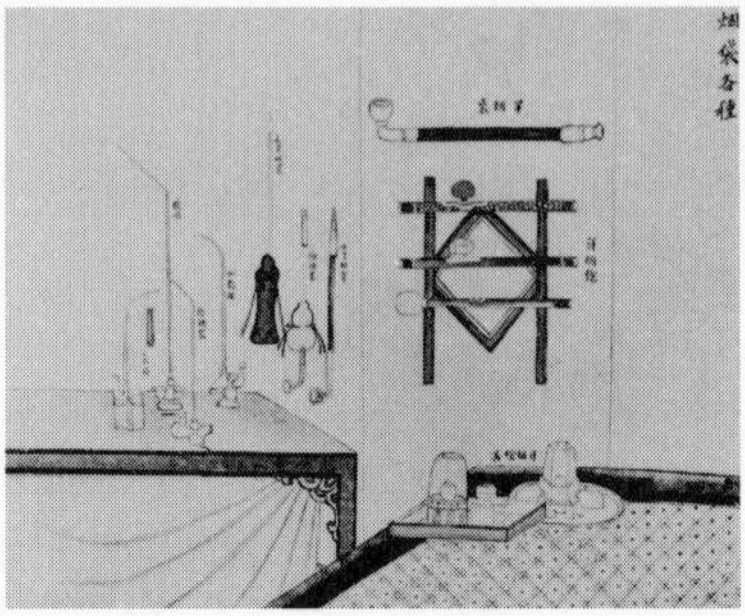

中国のパイプや水ギセル（一九二〇年代中葉）『北京風俗図譜』に描かれたもの。

アフリカのマダガスカル島でも一六三〇年代に水ギセルの使用が報告されているが、東アフリカへはポルトガル人やアラブ商人などによってタバコが持ち込まれたと考えられる。マグリブ（アフリカ北西部諸地域）へはイギリス人、フランス人などが伝えて、早くも十六世紀末から十七世紀初頭にかけて栽培が始まり、西アフリカへは遅くとも一六三〇年代には浸透したとされる。

このように最初ヨーロッパ人が手にしたタバコは、十七世紀前半までに驚くべきスピードで世界を周航したのみならず、先に伝播した国や地域を飛び石として隅々にまで浸透したのである。アメリカ先住民のタバコの複雑な機能のなかから、ヨーロッパ文化が医薬としての側面を切り出して強調したため、これに対応して世界各地の医薬体系へ当初タバコは組み込まれた。つまりヨーロッパ化されたタバコは各地の医薬体系を文化的レセプタとしてこれと結合することで、初期の異文化バリアを各地で容易に突破し、突破したのちはタバコの依存性がその浸透を保証した。そしてこのような伝播・受容の連鎖は、なかば自動的に世界中をおおいつくしていったのである。

②—近世のタバコ

失われた植民地《ロスト・コロニー》ロアノーク

ご主人様が燃えている。早く消さなきゃ。ビールをザバッ……。イギリスで最初に喫煙を広めたとされるウォルター・ローリー▲にまつわる有名な逸話である。むろんこれは史実ではなく、イギリスへのタバコ導入の嚆矢《こうし》はジョン・ホーキンズ▲と目され、彼が一五六四年に訪れたフロリダのフランス人入植地でパイプ喫煙にふれて、これを翌年、本国に持ち帰ったと考えられている。その記録『西インドへの航海』には「末端に土製の杯状のものをつけた竹の茎とを携帯し、この乾かした薬草をまるめて火をつけ、その煙を……竹の茎を通して吸う」(朱牟田夏雄訳)とある。パイプ喫煙は最初にイギリス、ついでオランダへと伝播し、三十年戦争▲をつうじてヨーロッパ中に広まったため、これが世界へのパイプタバコ導入の始まりといえなくもない。

だが、さきの逸話の主、ローリーがタバコと浅からぬ因縁があることもまた事実である。処女王エリザベス一世▲にちなんで名づけられた「新大陸」の地

▼ウォルター・ローリー(一五五二?〜一六一八)　エリザベス一世の寵臣で軍人・探検家。女王に差し止められたため、自らヴァージニアの地に赴くことはなかった。ジェイムズ一世の即位にさいして大逆罪で逮捕され、いったん釈放されるも、のちに処刑された。

▼ジョン・ホーキンズ(一五三二〜九五)　政府から許可をえて敵国船を襲撃する私掠船の船長で、奴隷貿易にも従事。のち海軍にはいり、アルマダ海戦では副司令官として勝利に貢献した。

▼三十年戦争　一六一八〜四八年、ドイツを舞台にヨーロッパ諸国によって戦われた国際戦争。ウェストファリア条約によって終結した。

▼エリザベス一世(一五三三〜一六〇三、在位一五五八〜一六〇三)　テューダー朝最後の君主。恋多き女王であったが生涯独身をとおした。死後、自らが命じて処刑したスコットランド女王メアリ・ステュアートの子が即位し、ジェイムズ一世としてステュアート朝を創始した。

▼**トマス・ハリオット**（一五六〇〜一六二一）　数学者・天文学者でローリーの友人。多才にもかかわらず、生前に刊行した著作はこの『ヴァージニア報告』のみ。

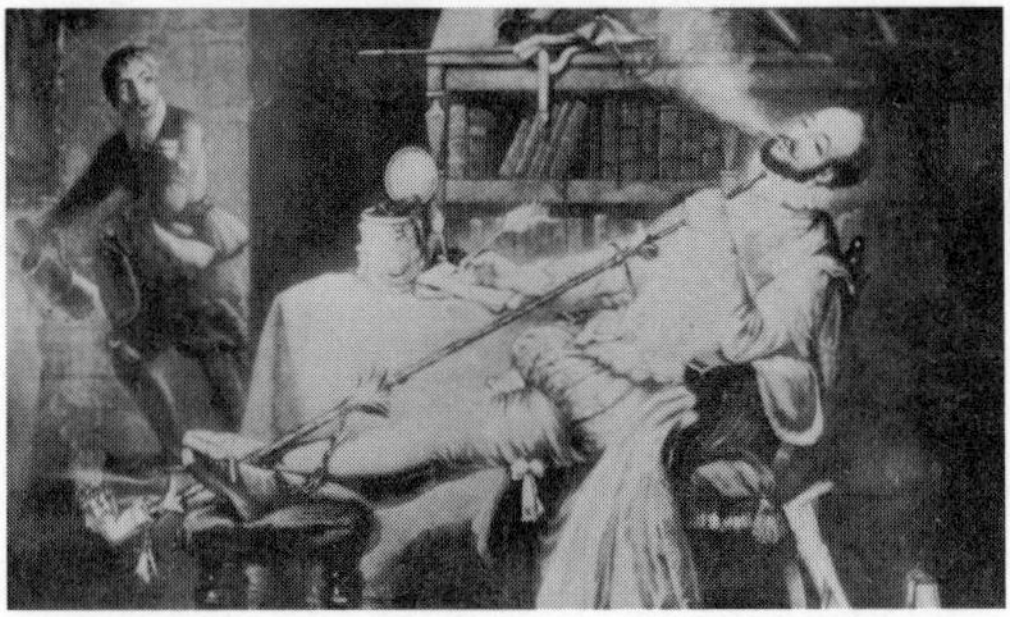

タバコを吹かすローリーと、あわてて駆けつける従者　十九世紀半ばに書かれた想像画。

ヴァージニアに、十六世紀末、彼が推進した複数回の探検・植民プロジェクトは、北米大陸における先住民の喫煙についてさまざまな知見をもたらした。今日、アメリカ合衆国ノースカロライナ州の沖合いに位置する小さな島、ロアノーク島は、このプロジェクトの文字どおり核であった。

技術顧問兼通訳として一五八五年の探検に同行したトマス・ハリオット▲は、現地の自然環境や動植物、先住民の習俗などにかんする詳細な記述、『ヴァージニア報告』を残している。このなかでハリオットは、「彼らはその葉を乾燥させてから粉状にし、火をつけその煙を粘土製のパイプで吸引して、自分の胃や頭へ送るのである。その煙が人間の体内にある余分の粘液や有害な体液を一掃し……」（平野敬一訳）と、先住民のパイプ喫煙についてガレノス的な視点から肯定的に記している。このとき、喫煙に魅せられてやみつきとなったハリオットは、のちに鼻のガンで命を落とすことになる。さらに彼とともに調査にあたったジョン・ホワイトは、画才を遺憾なく発揮して幾葉かの水彩画を描いた。その絵をもとにつくられた銅版画の一葉には先住民の集落がみえ、「他の作物と切り離して」タバコが大切に栽培されているようすが記されている。

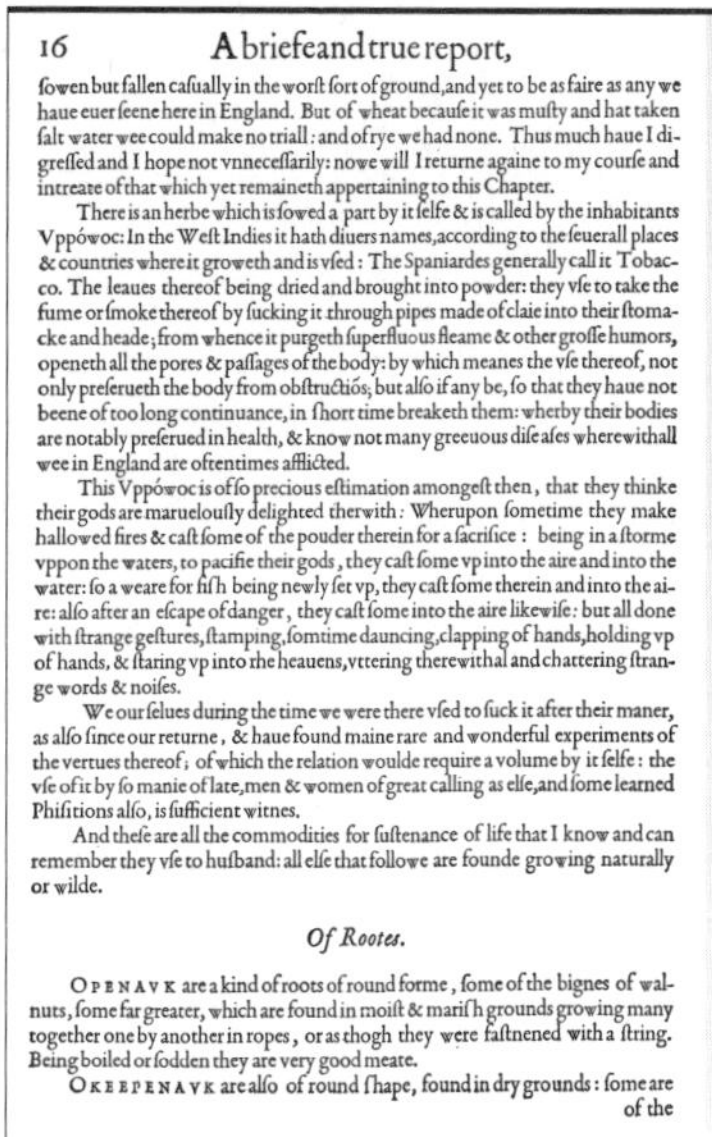

16　A briefe and true report,

ſowen but fallen caſually in the worſt ſort of ground, and yet to be as faire as any we haue euer ſeene here in England. But of wheat becauſe it was muſty and hat taken ſalt water wee could make no triall: and of rye we had none. Thus much haue I digreſſed and I hope not vnneceſſarily: nowe will I returne againe to my courſe and intreate of that which yet remaineth appertaining to this Chapter.

There is an herbe which is ſowed a part by it ſelfe & is called by the inhabitants Vppówoc: In the Weſt Indies it hath diuers names, according to the ſeuerall places & countries where it groweth and is vſed: The Spaniardes generally call it Tobacco. The leaues thereof being dried and brought into powder: they vſe to take the fume or ſmoke thereof by ſucking it through pipes made of claie into their ſtomacke and heade; from whence it purgeth ſuperfluous fleame & other groſſe humors, openeth all the pores & paſſages of the body: by which meanes the vſe thereof, not only preſerueth the body from obſtructiōs; but alſo if any be, ſo that they haue not beene of too long continuance, in ſhort time breaketh them: wherby their bodies are notably preſerued in health, & know not many greeuous diſeaſes wherewithall wee in England are oftentimes afflicted.

This Vppówoc is of ſo precious eſtimation amongeſt then, that they thinke their gods are marueloully delighted therwith: Wherupon ſometime they make hallowed fires & caſt ſome of the pouder therein for a ſacriſice: being in a ſtorme vppon the waters, to pacifie their gods, they caſt ſome vp into the aire and into the water: ſo a weare for fiſh being newly ſet vp, they caſt ſome therein and into the aire: alſo after an eſcape of danger, they caſt ſome into the aire likewiſe: but all done with ſtrange geſtures, ſtamping, ſomtime dauncing, clapping of hands, holding vp of hands, & ſtaring vp into rhe heauens, vttering therewithal and chattering ſtrange words & noiſes.

We our ſelues during the time we were there vſed to ſuck it after their maner, as alſo ſince our returne, & haue found maine rare and wonderful experiments of the vertues thereof; of which the relation woulde require a volume by it ſelfe: the vſe of it by ſo manie of late, men & women of great calling as elſe, and ſome learned Phiſitions alſo, is ſufficient witnes.

And theſe are all the commodities for ſuſtenance of life that I know and can remember they vſe to huſband: all elſe that followe are founde growing naturally or wilde.

Of Rootes.

OPENAVK are a kind of roots of round forme, ſome of the bignes of walnuts, ſome far greater, which are found in moiſt & mariſh grounds growing many together one by another in ropes, or as thogh they were faſtnened with a ſtring. Being boiled or ſodden they are very good meate.

OKEEPENAVK are alſo of round ſhape, found in dry grounds: ſome are of the

●――**ハリオット『ヴァージニア報告』**（フランクフルトで一五九〇年に出版されたド・ブリ版）　その一六頁にタバコにかんする記述がある。

●――**ジョン・ホワイトの水彩画から版を起こした銅版画の一枚**　ド・ブリ版の『ヴァージニア報告』所収。セコタン族の集落のようすが描かれており、Eの印が付されたタバコ畑が絵の上部中央と左下にみえるが、これらは本文の記述に合わせてあとから新たに書き加えられたもの。

同年の冬をロアノーク島で過ごしたハリオットらは、先住民との不和や食糧不足などから滞在が困難となり、たまたま立ち寄ったフランシス・ドレイク▲の艦隊に助けられるかたちで一五八六年に帰国した。しかし翌八七年、ローリーの意を受けて女性も含む植民団が組織され、さきのホワイトが総督としてこれを率いることとなった。彼の愛娘エレナ・デアも夫とともにこの植民団に加わり、到着したロアノーク島で女児を産んだ。「新大陸」で誕生した最初のイギリス人とされるヴァージニア・デアである。しかしホワイトは食糧・物資を補給するため、彼女らを島に残して同年、いったん帰国の途につく。

だがこの時期、イギリスとスペインとの外交関係は風雲急を告げ、その余波を受けて再渡航がままならない。ハリオットが『ヴァージニア報告』を急遽出版したのも、ホワイトの再渡航を広く世論に訴える意図があったと考えられる。しかし一五八八年、アルマダ海戦が勃発。さきにふれたホーキンズやドレイクらの活躍もあって、イギリスの大勝利に終わったことは周知の事実であろう。ホワイトがロアノーク島へふたたびもどれたのは一五九〇年である。だが上陸した彼が目にしたのは、入植地の廃墟であった。遺体らしきものは見出せず、

▼**フランシス・ドレイク**（一五四〇？〜九六）　スペインに恐れられた私掠船長で、一五七三年には早くも西インド諸島から大量のタバコとパイプをイギリスに持ち込んでいる。一五八〇年にイギリス人として最初の世界周航に成功。アルマダ海戦では副司令官として活躍した。

ヴァージニア・デア像　女性彫刻家マリア・ランダーが一八五九年に制作。数奇な運命をへて、現在はロアノーク島内の庭園におかれている。

愛する娘や孫娘の行方も杳《よう》として知れなかった。かくしてロアノーク植民地は失われたのである。この入植団の運命、とりわけ幼いヴァージニア・デアをめぐって、後世のアメリカ人たちはおおいに歴史的想像力をかきたてられることになる。

ポカホンタスと二人のジョン

ディズニーのアニメーション映画『ポカホンタス』▲をご記憶だろうか。ヴァージニア植民地の首府となるジェイムズタウンの建設をめぐって展開される物語で、主役のポカホンタスとジョン・スミスは実在の人物である。ポカホンタスは、当時ヴァージニアで強大な勢力を誇っていた先住民ポウハタン族の族長の娘であり、一方のジョン・スミス▲は、ジェイムズタウンを最初の恒久的英領植民地として成功に導いた軍人・探検家である。

時は一六〇七年、有名なメイフラワー号の航海（一六二〇年）より一〇年以上も早い。つまり現在のアメリカ合衆国へとつながる最初の礎石は北部ではなく、ここ南部の地に築かれたのである。映画では族長の命令で処刑されそうになっ

▼アニメーション映画『ポカホンタス』　日米での公開は一九九五年。アメリカでは一九九八年に続編もつくられたが、日本では劇場未公開。

▼ジョン・スミス（一五八〇?〜一六三一）　ヨーマンの出自で、若き日はヨーロッパ各地を放浪、転戦。ヴァージニア会社に出資し、ジェイムズ一世にちなんで名づけられたジェイムズタウンの建設に尽力。晩年は著述に専念した。

たスミスをポカホンタスが助けるシーンがあるが、この有名なエピソードの真偽は定かでないものの、スミス編著の『ヴァージニア史』第三巻▲にその記述がある。スミス本人は一人称ではなく三人称で記されており、つぎのような文言がみえる。「まさに彼が棍棒で頭を割られようとしたとき、王の愛娘ポカホンタスは……彼の頭を両腕でかかえ、彼の上にわが身を投げ出して、彼のために命乞いをしたのである」。

スミスはまた『ヴァージニア入植についての真実の話』▲のなかで、先住民が「荒天に舟を出すとき……波間にタバコを捧げる」(平野敬一訳)ことを指摘している。彼は一六〇九年にイギリスに帰国し、キリスト教に改宗したポカホンタスは一六一四年に別のイギリス人と結婚する。スミスが『ヴァージニア史』第四巻▲でその相思相愛ぶりを強調するこの人物こそもう一人のジョン、ヴァージニアにタバコ栽培を導入したジョン・ロルフ▲にほかならない。そもそもヴァージニア植民地では当初、タバコ栽培はまったく念頭になく、ガラス製造などが試みられたがうまくいかなかった。タバコを栽培しようにも、当地の先住民が用いていたマルバタバコ(ニコティアナ・ルスティカ)は彼らの嗜好に合わなかっ

▼『ヴァージニア史』第三巻　『ヴァージニア史』は全六巻の構成で、一六二四年にロンドンで上梓された。ポカホンタスの助命についての記述は、第三巻の元となったテクストにスミス自身の手で加筆されたもので、このエピソードにかんする唯一の史料といえる。

▼『ヴァージニア入植についての真実の話』　スミスが帰国する以前の一六〇八年にロンドンで出版。ポカホンタスの助命への言及がなく、このエピソードの信憑性に疑念を生じさせるが、ネガティヴな情報として彼があえてかくした可能性はある。

▼『ヴァージニア史』第四巻　つぎのような記述がみえる。「誠実なジェントルマンであるジョン・ロルフ氏は、ポカホンタスと恋に落ち、彼女もまた同様であった」。

▼ジョン・ロルフ(一五八五〜一六二二)　ポカホンタスとは再婚。一六一六年に妻子とともに一時、イギリスに帰国。宮廷で歓待された妻ポカホンタスは翌年、病をえて客死し、自らはアメリカに帰還。

●——今日のジェイムズタウン

●——ジェイムズタウンのポカホンタス像（パートリッジ作、一九二二年建立）　彼女が客死したイギリスの町にも同じ像が立っている。

●——ジェイムズタウンに立つスミス像（クーパー作、一九〇九年建立）

た。しかしスペインが密貿易規制のために西インド諸島でタバコの栽培を一時的に禁じている間隙を縫い、ロルフはニコティアナ・タバクムを入手して植付けに成功した。彼はこのタバコを、ローリーがおこなった南米オリノコ川流域の探検にちなんで「オリノコ」と命名する。かくして英領北米植民地最大の商品作物となるタバコの栽培が開始され、ヴァージニア、メリーランド両植民地は「タバコ植民地」の名をほしいままにすることとなったのである。

重商主義体制のなかのタバコ

エリザベス一世からジェイムズ一世の時代にかけて活躍したシェイクスピア▲。あまりに有名な彼の作品の数々に、じつはタバコはいっさいでてこない。例えばコンコーダンス(用語索引)を調べても、喫煙用のパイプ▲など、タバコに関連する文言は見出せない。当時、急速に浸透しつつあったパイプをいかにも吹かしそうな登場人物であっても、原作では嗜《たしな》んでいないのである。その理由はいろいろと指摘されているが、時の権力者たるジェイムズ一世への配慮があったことはまちがいなかろう。イギリスで王権神授説を振りかざしたジェイムズ一

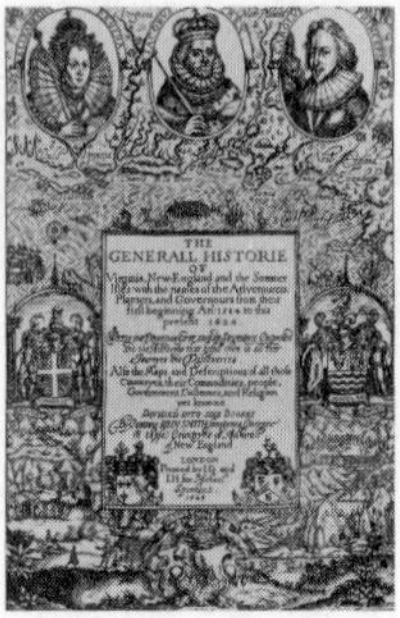

スミス『ヴァージニア史』(初版)　エリザベス一世、ジェイムズ一世、チャールズ皇太子(のちのチャールズ一世)の肖像が描かれている。

▼ウィリアム・シェイクスピア(一五六四〜一六一六)　イギリスはストラトフォード・アポン・エイヴォンに生まれる。四大悲劇をはじめ喜劇、史劇など、合作を含めて三七編を紡ぎ出す。共同経営者となったグローブ座はジェイムズ一世の庇護を受けて、国王一座と名を改めた。

▼パイプ　当時のパイプは陶製のクレイ・パイプが主流であった。その製造は一五七〇年代にロンドンで始まり、ほかのヨーロッパ諸国へもしだいに広まった。

世は、タバコぎらいの王としても有名なのである。一六〇四年に自ら上梓した『タバコへの反論』では、体液説にもとづきながらタバコの万能薬としての位置づけに疑問を投げかけ、使用・乱用を強くいましめている。

王はタバコを規制するため、その輸入に高い関税を課したが、これは思わぬ効果を生んだ。タバコの消費が減少するどころか逆に増加し、関税の増収を政府にもたらしたのである。ただし当初輸入されたタバコはスペイン領アメリカ産のものが多く、当時の重商主義的な考えからすれば、このような外国産品の輸入の増加は国富の減少につながることから、これをヴァージニアなどの英領植民地産に転換すべく、政府は政策を打ち出した。一六二四年には最終的に国内でのタバコ栽培をも禁止して栽培を植民地に限定し、関税の効率的な徴収をはかった。さらに第一次航海法(一六六〇年)や海軍造船資材法(一七〇五年)によってタバコ、砂糖、インディゴ(藍)などは生活上・軍事上重要な植民地産物、「列挙品目」に指定され、外国への直接の輸出が禁じられたのである。かくして本国の利害にそったかたちで植民地との共存共栄をめざすイギリス帝国の重商主義体制、「航海法体制▲」の不可欠な要素としてタバコは組み込まれた。依

クレイ・パイプ

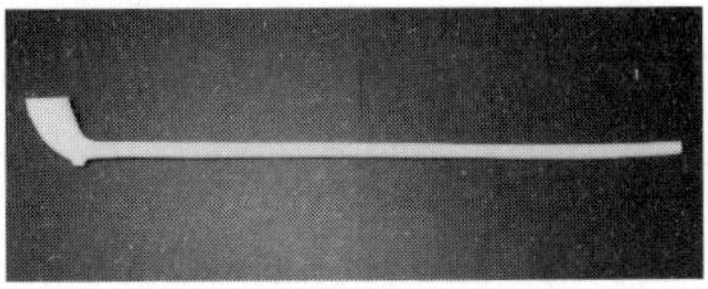

▼航海法体制　一連の航海法や関連諸法からなる。ただし植民地側ではこれらの諸規定をかならずしも遵守せず、密貿易をさかんにおこなったが、そこで獲得された外貨が本国製品の購入を可能にしていたこともあって、本国側も厳格に対処することなく、アメリカ独立革命前夜まで「有益なる怠慢」と呼ばれる状態が続くことになる。

存性を有するタバコは同時に莫大な関税収入をもたらし、この財源に政府も深く依存するようになってしまったのである。

タバコの依存性にとらわれたのは、ひとりイギリスのみではない。その他のヨーロッパ諸国もこの「金のなる木」に魅了され、その税収をおおいにあてにするようになる。ただしそこには二通りのパターンがあった。いまみたイギリスや、オランダ、ドイツ諸邦のように、タバコの輸入・製造・販売を自由市場に委ね、政府はもっぱら課税を強化する場合と、国家によるタバコの統制、すなわち専売制度を導入する場合である。後者は一六二〇年代にイタリアの都市国家で始まり、スペイン、ポルトガル、フランス、オーストリアなどがあとに続いたが、いずれも国が直接にタバコ事業に手を染めるのではなく、私人に請け負わせ、国はその独占的経営を保証する一方、彼ら請負人から対価を徴収した。この専売制度は、フランスにおいては塩などとともに徴税請負制度▲に組み込まれ、おおいに悪名を馳せることになる。タバコの専売制度が各国でより直接的な国家管理の様相をおびるのは、国によって時期に大きな違いはあるものの、十八世紀末以降のことである。

▼**徴税請負制度**　徴税請負人に塩税などの徴税を委託するかわりに、一定額を国庫に前払いさせる制度で、絶対王政期のフランスの財政を支えた。一六七〇年代にコルベールによって専売制が導入されたタバコも、一七三〇年までに統括的な徴税請負制度に組み込まれた。徴税請負人がこの制度を利用して蓄財したため民衆に非常に評判が悪く、フランス革命で廃止された。

年季契約奉公人と黒人奴隷

近世において商業ベースのタバコの生産は、最初西インド諸島で試みられた。しかしこの地域ではやがて砂糖が主役の座を占める。カリブの砂糖革命である。キューバが葉巻生産地として急成長してくるのは、その需要が増加する十九世紀以降であり、文化人類学者のフェルナンド・オルティス▲は、このタバコと砂糖という二大商品作物《ステイプル》を対比させて西インド諸島の歴史的展開を説明した。オルティスによれば、土着作物たるタバコは男性的で黒く、道徳的に善であるが、外来作物たる砂糖は女性的で白く、悪とされる。むろんこれは史実を極端に単純化した議論であり、批判も根強いが、二大ステイプルの農業《アグリカルチャー》によってカリブの文化《カルチャー》が規定されていたとする大変興味深い視点を提示している。

ともあれ近世のタバコは、先述した北米南部の「タバコ植民地」や、ブラジルのバイア地方でもっぱら栽培された。なかでも圧倒的なシェアを誇った北米のタバコ植民地で実際に生産を担ったのは、白人や黒人の強制労働力であった。最初は白人の「年季契約奉公人」がタバコ・プランテーションでの労働に従事

▼**フェルナンド・オルティス**（一八八一〜一九六九）　アフロ・キューバ研究に先鞭をつけたキューバの文化人類学者。音楽的比喩を通奏低音とする著書『タバコと砂糖をめぐるキューバの対位法』（一九四〇年）のなかで、「タバコにかんする仕事はすべて手作業である。栽培、収穫、製造、販売、そして消費ですら」と記している。

メリーランド植民地におけるタバコ農場価格の変動（残差）

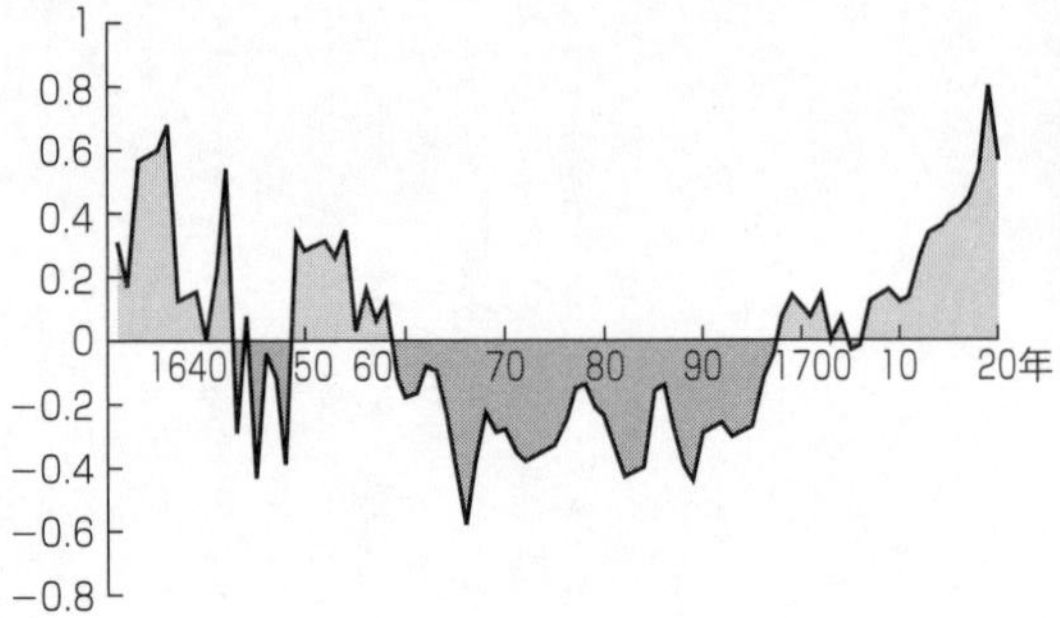

したが、その多くは下層民出身で二十代前半の独身男性であり、植民地への渡航費を支弁してもらうかわりに平均四年間の年季奉公にたえ、年季が明けると土地を獲得してプランターへと上昇する例もみられた。彼らは北米英領植民地への移民の四割以上を占めており、平均七年間の年季奉公を強要された流刑囚まで含めれば五割以上となる。つまりアメリカへわたった人びとは決して「自由移民」だけではなく、この年季契約奉公人制度とはイギリス帝国の中核たる本国から余剰人口を排除・棄民し、帝国の周縁へ植民することによって、その地の労働力需要をも同時に満たすという、大西洋を介した人口再配置のシステムにほかならなかった。かかる人的システムによって帝国の中核に社会的安定が保証され、周縁に経済的発展が約束されたのである。

しかし十七世紀末までに本国の人口過剰状態が完全に解消され、移民を押し出す「プッシュ要因」が鈍化する一方、植民地においても、地域によっては社会的上昇の機会が縮小へと向かい、かならずしも移民を引きつける「プル要因」が機能しなくなった。このような状況下で十七世紀末以降、タバコ植民地に黒人奴隷が大規模なかたちで導入されていくのである。近世のヴァージニアやメリーランドの繁栄は、最初は年季契約奉公人、ついで黒人奴隷の血と汗によってもたらされたものといえよう。

これらの植民地では当初、タバコは通貨としても機能しており、いみじくもチャールズ一世▲が喝破したように「すべては紫煙の上に」築き上げられていた。それゆえその社会経済の情勢は、前頁のグラフにみられるようなタバコ価格の変動によって大きく左右された。ただしこのような短期変動だけでなく、長期トレンドを観察してみると、十七世紀にはタバコ価格が低下していく一方で、葉タバコの生産量(輸出量)が大幅な伸びを示している。つまりタバコの価格低下はタバコの消費を拡大させ、この需要の増加に応じて生産がさらにふえ、そのためさらに価格が低下する……というメカニズムである。植民地内の需要も底堅かったが、おもな市場はむろん大西洋三〇〇〇マイルの彼方にあり、前述のようにタバコは「列挙品目」であるため、イギリスからの再輸出というかたちでヨーロッパ大陸、とりわけフランスやオランダに大量に流れ込んだのである。

だが一七四〇年代ころからタバコ植民地の経済に大きな変化が生じる。すな

▼**チャールズ一世**(一六〇〇〜四九、在位一六二五〜四九)　ジェイムズ一世の次男。一六二八年に議会による「権利の請願」を承認するも専制的な政治を継続し、ピューリタン革命によって処刑された。

▼ジョージ・ワシントン(一七三二～九九) 一ドル札の肖像でも有名なアメリカ合衆国初代大統領(在任一七八九～九七)。正規の教育はほとんど受けず、若いころに測量士としての技術をみがき、さらに軍人として華々しい経歴を積む。またプランターとしてもプランテーション経営の細部まで掌握。独立戦争が勃発すると大陸軍総司令官に任じられ、文民統制の原則を守りつつ革命を勝利に導いた。大統領職を二期務めたのち、公的生活からみごとな引き際をみせる。実子はなく、妻マーサとともに邸宅マウント・ヴァーノンの墓地に眠っている。

わち多角化の進展であり、タバコ・プランターたちはしだいに小麦生産の比重をましていくのである。ヴァージニアの大プランターだったワシントン▲も、タバコから小麦への転換を試みた一人であった。このタバコ・モノカルチャーからの脱却の動きの先に、アメリカ独立革命が立ちあらわれてくることになる。

近世におけるタバコ消費の諸相

次頁上に掲げたグラフが示しているように、イギリスにおける一人当たりのタバコ消費量は、価格の低下を反映して十七世紀中に著しい上昇をとげ、砂糖や茶よりも一足先に、タバコはいわば大衆消費財となった。オランダでもタバコは早々に同様の地位を手にいれ、ほかのヨーロッパ諸国ではやや遅れたものの、十八世紀の中葉までには容易に入手可能でごく身近な消費財と位置づけられるにいたったのである。

ではその需要の拡大を支えたのはどのような人びとなのか。およそ社会的プロフィールを描くさいには性・年齢・階層・地域などの差異に留意する必要があるが、タバコの場合、近世の消費者は例えば老若男女といいうるのかどうか。

イギリスにおける一人当たりの年間タバコ消費量

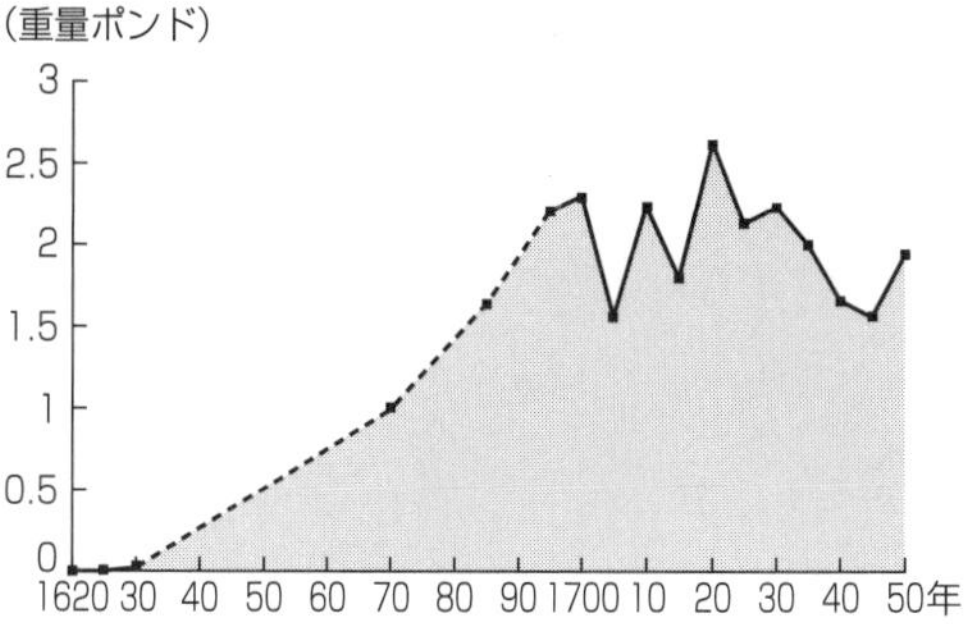

▼**サミュエル・ピープス**（一六三三〜一七〇三）　イギリス海軍の近代化に貢献した海軍省官僚。一六六〇年から六九年まで、速記法をもとに独特な符号で記した秘密の日記を残し、その赤裸々な叙述は史料としての価値も高い。

当時、体液説にもとづいて子どもや妊婦にタバコを禁じた医学者もいたが、これと正反対の意見を開陳する者もあり、また体液説自体も女性はタバコに耐性を有すると解釈したこともあって、十七世紀の書物には概して性別によるタバコ使用の是非は見出しにくい。さらに十七世紀のオランダ絵画にはタバコを吸う女性の姿がしばしば描かれており、これらをすべて風刺ととることも難しい。また英領北米植民地を訪れた旅行者たちの記録によれば、当地では年端のいかない少年少女が喫煙しているとの指摘も目につく。つまり近世において、少なくとも容易に手にできる安価なタバコについていえば、性・年齢・階層によるバリアは認めにくいのである。タバコは文字どおり幅広く愛好されていたといえよう。

　ではそのようなタバコは、今日的な意味での嗜好品と断じることができるのだろうか。じつは十七・十八世紀においてもタバコの薬効は広く信じられ、とりわけペストなどの疫病に効果があるとされた。例えば一六六五年にロンドンをおそったペストの災禍に直面したサミュエル・ピープス▲は秘密の日記のなかで、自身の不安を鎮めるために「葉タバコを買って、匂いをかぎ、嚙まずにはおられなかった」(臼田昭訳)と吐露している。ピープスはまた一六六一年の日記でも、友人が「嚙みタバコのおかげでたいそうふとり、元気がよくなってい た」と述べており、いずれも当時、一般的ではない「嚙む」という使用法を用いてはいるものの、タバコの薬効に大きな信頼を寄せている。

作家のデフォーも『ロビンソン・クルーソー』▲で薬効にふれている。瘧《おこり》の発作に苦しめられたロビンソンは、「ブラジル人がほとんどあらゆる病気をなおすのに」(平井正穂訳)タバコを用いることを思い出し、三とおりの治療法を試みた。すなわちタバコを直接嚙むこと、鍋のなかでタバコをいぶして煙を吸うこと、タバコをひたしたラム酒を飲むこと、である。タバコに「あまりなれていなかった」彼は、「初めは頭がまるでしびれたようになった」が、おもに三番目の方法で病気を克服したとされ、タバコを用いた当時の民間療法のあり方が推察される。また実際に種々の疾患にたいして、タバコの煙や抽出液を浣腸器で注入する治療がおこなわれていたこともわかっている。つまりタバコは薬としての一面を依然として有していたのであって、これは逆にいえばタバコがまだ純粋な嗜好品になりきれていないことをも意味していよう。体液説の信じ

▼『ロビンソン・クルーソー』　小説というジャンルの確立に寄与したイギリスの小説家・ジャーナリスト、ダニエル・デフォー(一六六〇?～一七三一)の代表作(一七一九年)。作中のロビンソンの島は絶海の孤島ではなく、トリニダード島を北西に望むオリノコ川の河口に位置し、のちにロビンソンによって植民地とされた。

られた近世において、薬と嗜好品とを分かつ境界線は、決して判然とはしていなかったのである。

嗅ぎタバコの流行

十七世紀と十八世紀の交、ヨーロッパでタバコの嗜好に大きな変化が生じた。嗅ぎタバコの流行である。四一頁に掲げたグラフをいま一度みていただきたい。イギリスにおける一人当たりのタバコ消費量は、十八世紀にはいると大きな伸びを示さなくなる。その理由の一つとして指摘されるのがほかならぬ嗅ぎタバコの普及であり、このタバコは例えばパイプタバコと比べて加工のさい、無駄な部位がでにくく、また添加物を多く加えるため、相対的に葉タバコの消費量が少なくてすんだと考えられるのである。事実イギリスでは一六八〇年ころからしだいに嗅ぎタバコがはやり始めたことが知られている。最初スペインで嗜まれていたこの非喫煙方式のタバコは、十八世紀にはいってヨーロッパ中を席巻し、喫煙を凌駕したのである。フランスはいうにおよばず、パイプ喫煙を好んだドイツでも、プロイセンのフリードリヒ二世▲は流行の嗅ぎタバコを選んだ。

嗅ぎタバコ入れ各種

▼フリードリヒ二世（大王、一七一二～八六、在位一七四〇～八六）　若き日にはヴォルテールに師事した啓蒙専制君主。ハプスブルク家のマリア・テレジアと対峙してプロイセンを強国に導く。タバコの専売制度導入を試みたが、死後に廃止された。

キャロットの製造工程

●——**選別**　樽を開けて葉タバコを選り分ける。

●——**撚り**　フランス式に手作業で(右)、もしくはオランダ式に機械を用いて(左)、葉タバコを撚り上げ、ロールタバコをつくる。

●——**圧縮**　ロールタバコを巻き取って(右)、圧縮する(左)。

●——**切断**　圧縮したタバコを小さく切り分ける。

●——**成型**　さらに圧縮してキャロットに成型。

●——**仕上げ**　紐でキャロットを巻く。

この嗜好の変化の背景として、バロックからロココへと移り変わる時代風潮もおおいに寄与していたと考えられる。例えば男性のファッションをながめると、口髭は消え去り、カツラは短く、ベストやブリッチズ(半ズボン)はよりタイトに、以前と比べてかろやかな装いが一般化し、嗅ぎタバコもこの風潮にマッチしたのである。

そもそも嗅ぎタバコを嗜むのに火はいらず、したがって喫煙につきものの火打道具を携行する必要がなかった。棒状に成型された「キャロット」と呼ばれるタバコを下ろし具で自ら優雅にすりおろし、その粉を小さな嗅ぎタバコ入れに詰めて持ち歩き、一つまみ鼻から吸い込めばよかった。つまり嗅ぎタバコの使用は極めてプライベートでコンパクトな営みといえた。このキャロット製造のようすは、『百科全書』▲の図録からうかがい知ることができる。図中に「オランダ式」とあるように、オランダも当時、フランス、スペインなどと並ぶタバコ製造業の一大中心地であった。また、自らすりおろす手間を省いた粉末の嗅ぎタバコもしだいにこれらの地でつくられるようになり、種々の香料、エキスなどを加えた調合済みのさまざまな嗅ぎタバコ▲が生み出されたのである。

▼『百科全書』　フランスの啓蒙思想家ディドロ、ダランベールが監修し、一七五一〜七二年にかけて刊行。本編一七巻、図録一一巻。合理主義的思惟のもと、当時の知の集大成を試み、それゆえ保守勢力から圧迫を受けた。

▼さまざまな嗅ぎタバコ　文字どおり無数の種類があったが、ヴァージニア産葉タバコからつくられる基本的な嗅ぎタバコとして、粉が乾燥してきめ細かく、ほとんど無香料の「スコッチ」、香料が強く、湿った「マクーバ」、やや荒目にすりおろした「ラペー」の三種類があり、例えばラペーには一八以上のバリエーションが確認される。最初の名称にみられるように、スコットランドでも嗅ぎタバコの製造は盛んであった。また、スペインでハバナ葉からつくられる「マスティー」は最高級品とされた。ただし下層民衆の用いた嗅ぎタバコは、無調製のたんなるタバコの粉末にすぎなかった。

このような嗅ぎタバコの使用は体液説の観点からも推奨され、鼻孔にタバコをいれたさいにでるくしゃみの効用が唱えられた。教皇庁をはじめとする聖職者や宮廷などの上流社会も嗅ぎタバコをおおいに好み、このタバコをめぐって非常に込み入った作法が発達した。当時のオランダの詩は、その極意をつぎのように端的に述べている。「深々とおじぎをし、……ポケットから小ぶりなタバコ入れを取り出し、……品よくぽんと叩き、上品にタバコを嗅ぐべし。すみやかに蓋《ふた》を開け、友に勧めるべし」。さらに優雅なくしゃみの仕方すら、この作法に組み込まれた。また美しい嗅ぎタバコ入れは熱心な蒐集《しゅうしゅう》の対象となり、貴金属・磁器・象牙などを贅沢に用いた逸品がつくりだされたのである。マリ・アントワネット▲のウェディング・バスケットのなかには、黄金の嗅ぎタバコ入れが五二個おさまっていたという。

▼**マリ・アントワネット**（一七五五〜九三）　フランス国王ルイ十六世の妃。マリア・テレジアの末娘。国民の信を失い、フランス革命で幽閉され、寡婦カペーとして夫のあとを追って断頭台の露と消えた。

③—近代のタバコ

喫煙の復活

フランスでは十九世紀にはいっても嗅ぎタバコが広く消費され、その一人当たりの消費量は一八六〇年代まで上昇を続けた。だがこれ以前の一八三〇年代、パイプタバコの販売量が嗅ぎタバコを凌駕するという大きな変化が生じていた。喫煙習慣が復活をとげたのである。もっとも、嗅ぎタバコが浸透していた十八世紀でもパイプタバコが完全に消滅していたわけではなく、例えば「喫煙酒場(タバジー)」では、もっぱら下層の嗜《たしな》むタバコとして人気があった。

フランス革命前夜のパリの生活を詳細に記録したメルシエ『十八世紀パリ生活誌(タブロー・ド・パリ)』▲によれば、膨大な数の喫煙酒場が「最下層の民衆が住む界隈につくられ」(原宏訳)、そこでは人びとが酒を飲みながらパイプを吹かしていた。「タバコの煙が、彼らには飯の代りとなる。つまりタバコの煙でひどい無感覚におちいり、そのため食欲がなくなり、同時に元気も活力もなくしてしまう」と非難の的とされた。しかしフランス革命の動乱をへて時代が

▼『**十八世紀パリ生活誌**』　フランスの作家・劇作家ルイ゠セバスチャン・メルシエ(一七四〇～一八一四)のルポルタージュ的作品。全一二巻からなり、一七八一年から八八年にかけて出版された。メルシエは革命が起こると国民公会の議員、さらに総裁政府のもとでも議員などを務めた。

▼服飾の変化　例えば男性は以前のブリッチズ(半ズボン)にかえて長ズボンをはくようになり、女性のあいだでは十九世紀初頭の一時期のみ、ハイウエストのドレスが流行した。

大きく移り変わると、優雅な嗅ぎタバコにかわってパイプタバコが幅広い支持をふたたび獲得していったのである。

十八世紀と十九世紀の交には、例えば服飾なども大きく変化▲しており、これを全般的なモードの転換の一環とともとらえることもできる。イギリスでも十九世紀半ばには、タバコ消費の六割方がパイプタバコとなり、オーストリアでは八割以上を占めるようになった。パイプの素材もこの時期以降、ブライア(ツツジ科の低木)を使ったものが徐々に人気を博していった。

一方、いま一つの喫煙形態、葉巻もしだいにヨーロッパ中で広く用いられるようになった。そもそもプリミティヴな葉巻は中南米の先住民が好んだ喫煙方法であり、この風習に早くから接してきたスペイン人が最初に取り入れた。しかし十八世紀末まではイベリア半島内にとどまっており、広く知られることはなかった。葉巻をイベリア半島から外へ持ち出したのは、ナポレオンの軍隊であった。パイプタバコを好んだナポレオン軍の兵士たちは、侵攻したスペインで出会った葉巻にも親しみ、これをヨーロッパ中に広めることになったのである。例えばドイツ語圏にもたらされた葉巻は、とりわけ市民的・ブルジョワ的信条の象徴的様相をおびた。プロイセンではフリードリヒ二世の布告以降、公共の場での喫煙が禁じられ、三月革命▲で事実上廃止されるまで基本的に禁令が続いており、オーストリアでも同様であったため、喫煙が自由主義的な主張のあかしとされたからである。

もっともパイプ・葉巻の喫煙習慣をともなってヨーロッパ中を席巻したナポレオン軍のなかにあって、当のナポレオンが旧態依然たる嗅ぎタバコを愛好したことは、二十世紀半ばに書かれた推理小説『皇帝の嗅ぎタバコ入れ』▲にも登場する有名なエピソードである。この事実は世代による嗜好の差異、ひいてはナポレオンの政治の限界を象徴してもいるが、タバコ消費の多様性を身をもって示しているともいえよう。すなわち再度強調するならば、嗅ぎタバコの消費は十九世紀をつうじて決して消え去ったわけではない。十九世紀末の時点でもそのシェアは、たしかにイギリスではわずか一％程度となったものの、イタリアでは二割以上、フランス、オーストリアでもある程度の割合を維持しており、さらに北欧諸国、とりわけスウェーデンの場合、むしろ一九三〇年代まで消費が拡大したのである。ここでは喫煙タバコへの移行は、ようやく二十世紀には

▼三月革命　一八四八年三月、フランスの二月革命の影響を受けてドイツ各地に起こった市民革命。プロイセンでは自由派のカンプハウゼン内閣が成立し、オーストリアではメッテルニヒが亡命した。ドイツ最初の全国的議会、フランクフルト国民議会が開かれたが、統一憲法実施にいたらず、革命は失敗に終わった。

▼『皇帝の嗅ぎタバコ入れ』　密室トリックを得意とするジョン・ディクスン・カーの作。一九四二年刊行。オーストリア皇帝からナポレオンに贈られたとされる金側(ケース)の懐中時計型嗅ぎタバコ入れが、事件解決の糸口となる。

いってから生じたにすぎない。またアメリカでは嚙みタバコのシェアが二十世紀初頭に四割程度もあった。タバコの消費はかくも多様性に富んだものなのであり、このような状況は種々の史資料からうかがい知ることができるのである。

文芸作品にみるタバコ消費の諸相

それでは十九世紀のタバコ消費の諸相、とりわけ喫煙復活の実相について、英独仏の作家の作品のなかに探ってみたい。ヨーロッパにウィーン体制▲が成立したころ、ドイツの作家ホフマン▲は短編『砂男』のなかで、パイプ喫煙と嗅ぎタバコを同時に描いている。彼自身、トルコ・パイプを嗜んだとされるが、この作品でもドイツにおける喫煙習慣の根強さにたいして、「某教授」が用いる嗅ぎタバコのとりすましたイメージが印象的なコントラストをなしている。

イギリスの作家サッカレー▲が一八三〇年代末から四〇年にかけて発表した作品にも、年寄りの役者が嗅ぎタバコを嗅ぐ場面と、若者がパイプを吹かす場面が同居している。すでにこの時期の若者は、おそらく喫煙からタバコにはいったと思われ、転換期には世代間のギャップがはからずも強調される結果となっ

▼ウィーン体制　ウィーン会議によって一八一五年に成立したヨーロッパの反動体制。正統主義と勢力均衡の原則のもと、神聖同盟や五国同盟を基軸としたが、自由主義やナショナリズムの動きと激しく対立し、一八四八年に崩壊した。

▼E・T・A・ホフマン（一七七六〜一八二二）　ドイツ後期ロマン主義の作家で、司法にたずさわりながら小説、音楽、絵画などを能くした。その幻想的な作風は『砂男』（一八一五年）に遺憾なく発揮され、この作品はオペラやバレエの原作ともなった。なお、死にいたる病をえて口述筆記した作品、『隅の窓』（一八二二年）の登場人物はトルコ・パイプを吸っており、これがホフマン自身の姿だと考えられている。

▼ウィリアム・M・サッカレー（一八一一〜六三）　鋭い洞察力で人びとをいきいきと描いたイギリスの小説家。『虚栄の市』が有名だが、ここで用いた作品は初期の滑稽小説『床屋コックスの日記』（一八四〇年発表）および『馬丁粋語録』（一八三八〜三九年発表）。

ている。さらに、富裕な家庭の生徒が葉巻を吹かしたり、上流階級の「旦那」が「葉巻を喫いすぎて」(平井呈一訳)酔う場面からは、葉巻の喫煙がしだいに浸透しつつも、やはり一般的なパイプタバコと比べて高価なため、すでに経済的格差を示す指標と化しているようすがうかがえる。

ほぼ同時期の一八三九年にフランスで上梓されたバルザック『近代興奮剤考』▲では、嗅ぎタバコから喫煙への転換がさらに直截《ちょくせつ》にみてとれる。「この一世紀というものタバコは粉末状の嗅ぎタバコが主流で、煙を出して吸うのは少なかった。ところが今や葉巻が社会全体を汚染している始末。煙突まがいに煙を吐いたりすることが楽しみになろうなどと昔は夢にも思わなかったが」(山田登世子訳)。これは七月王政▲下の喫煙、とりわけ葉巻の普及について、非常にヴィヴィッドな同時代の証言といえる。また「パイプ、葉巻、紙タバコをちゃんぽんで吸う」との記述から、この「煙を出して吸う」タバコのなかには、当時まだ目新しい紙巻タバコも含まれていたことがわかる。さらにバルザックは「インドの水煙管とペルシアの長煙管」を「秘宝」として紹介しており、例外的な嗜好ではあるものの、このような東方の知識と実践がヨーロッパの地に伝

▼『近代興奮剤考』　写実主義文学の先駆をなしたフランスの作家オノレ・ド・バルザック(一七九九〜一八五〇)の作。一八三九年に『美味礼讃』の再版にさいして付録としておさめられた。

▼七月王政　一八三〇年の七月革命によるルイ・フィリップの即位から、四八年の二月革命による退位までの立憲王政期。

▼『海底二万里』　フランスの作家ジュール・ヴェルヌ(一八二八〜一九

わっていることを示している。

さらに葉巻について、ヴェルヌの空想科学小説『海底二万里』▲も示唆的である。小説が描くネモ船長の潜水艦ノーチラス号には喫煙室があり、「ニコチンを豊富にもっている海草の一種」(江口清訳)からつくられ、「ハバナ産」に負けない架空の葉巻が登場する。一八六〇年代後半、第二帝政▲下のフランスで、すでに一八二八年にドイツ人医師らが分離に成功していたニコチンの名称がある程度広く知られていたこと、そして十九世紀半ばにキューバが葉巻の生産・輸出の体制を整えた結果、ハバナ産の高級葉巻がヨーロッパ市場に浸透し、高い評価をえていた状況がうかがえる。

もっとも、フローベールの遺稿をまとめた『紋切型辞典』▲は、タバコの説明文として「嗅ぎタバコは書斎人に適している」(小倉孝誠訳)と記しており、第三共和政▲が始まった一八七〇年代の段階で依然として嗅ぎタバコも嗜まれていたことが推察される。むろんこの文言の行間からは、当時、喫煙が極めて一般化していた状況をむしろ読み取るべきであろうが、すでにある程度、紙巻タバコも普及しているこの時期においてすら、嗅ぎタバコが選択肢の一つとして消

〇五)の作。一八六七年から執筆を始め、六九年刊。作中年代はほぼ同年代。謎の人物ネモ船長は、『神秘の島』(一八七五年)でインド人であることが判明する。

▼第二帝政　ナポレオン一世の甥ルイ・ナポレオンがナポレオン三世として即位した一八五二年から、独仏戦争(普仏戦争)に敗れて七〇年に廃位されるまでの帝政期。なお、フランスの自然主義作家ギ・ド・モーパッサン(一八五〇～九三)の短編『二人の友』(一八八三年発表)には、独仏戦争でパリを包囲したプロイセンの士官がパイプを吹かす場面がでてくるが、別の作品では葉巻も登場する。

▼『紋切型辞典』　写実主義文学を確立したフランスの作家ギュスターヴ・フローベール(一八二一～八〇)の遺稿をもとに、一九一〇年に出版された。見出し語は一〇〇〇程度。

▼第三共和政　第二帝政の崩壊した一八七〇年から、第二次世界大戦の対独降伏(一九四〇年)までのフランスの政体。

え去っていない点は重要であろう。主役はいれかわっても、タバコ消費の多様性は失われていないのである。

カルメンとタバコ

葉巻との関連でしばしば言及されるのが、カルメンである。フランスのメリメ作の小説『カルメン』▲（一八四五年）は、スペインはセビーリャの王立タバコ工場で葉巻を巻く女工カルメンにまつわる物語であり、作中年代は一八三〇年初秋に設定されているものの、七月革命▲の余波はあまり感じられない。この作品では、男たちが葉巻をつうじて心を開く場面が描かれるとともに、紙巻タバコも登場する。カルメンの前で男が「フランス流の礼儀からの心づかい」（杉捷夫訳）で、吸っていた葉巻を捨てると、その紳士らしいしぐさにたいして彼女が「味のやわらかい紙巻があれば、自分でもすうくらいです」と返答し、紙巻タバコをもらって一服しながら会話を交わすのである。

また、この小説を原作としたフランスのビゼー作曲のオペラ『カルメン』▲でも、女工たちが紙巻タバコを口にくわえて舞台に登場する。このオペラの初演

▼**小説『カルメン』**　フランスの作家プロスペル・メリメ（一八〇三～七〇）の代表作。一八四五年発表。単行本として上梓したのは一八四七年で、五二年に改訂版を出版。ちなみに王立タバコ工場の建物は現在、セビーリャ大学となっている。

▼**七月革命**　フランスでナポレオン退位以来の復古王政を倒した一八三〇年の革命。ヨーロッパ各地に影響を与えた。

▼**オペラ『カルメン』**　音楽はフランスの作曲家ジョルジュ・ビゼー（一八三八～七五）、台本はメイヤックとアレヴィの合作。初演はパリのオペラ・コミック座。ビゼー自身はスペインを訪れたことはなかった。

は一八七五年であり、後述するようにメリメの原作が書かれた時点で、すでに紙巻タバコはフランスにおいてしだいに広まりつつあったため、彼らフランス人がこのような描写を取り入れたこと自体、なんら不思議ではないが、舞台となったスペインでは葉巻とともに紙巻タバコも早くから嗜まれており、作中年代の一八三〇年の時点で考えてみても、これは史実にのっとった描写といえる。

そもそもセビーリャの王立タバコ工場は、いわゆる王立マニュファクチュアとして十七世紀につくられ、葉巻や嗅ぎタバコを製造していたが、十九世紀にはいると需要の拡大を受けて葉巻の生産が急増した。そのため器用さ、几帳面さがよりいっそう求められることとなり、女性労働者が男性にとってかわることとなったのである。

男性の立ち入れない作業場で働く彼女らタバコ労働者《シガレーラス》は、男性よりは低い賃金にあまんじたものの、女性のほかの職種と比して高賃金で待遇もよく、能力のある者には管理職への道も開かれていた。雇われるには読み書きなどの教養が求められたため、女性の識字率が低かった当時にあっては、きわだった存在といえた。彼女らがスペインの大衆文化において強い独立心のイメージを喚起

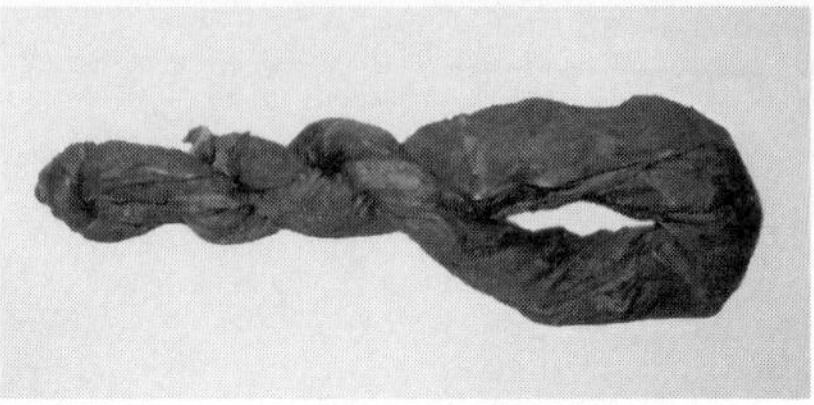

ツイスト

し、そのスペイン人らしさをしばしば賞賛されたのも故なしとしない。それゆえ十九世紀末に彼女らが種々の不満を訴えて暴動を起こすと、大きな社会的反響を引き起こしもしたのである。このような意味合いからもカルメンの物語は、当時のスペイン社会の一断片を鋭く切り取ったものとなっているのである。

アメリカの嚙みタバコ

拡大する喫煙の流行にたいして、嗅ぎタバコと並ぶいま一つの非喫煙によるタバコの消費形態、すなわち嚙みタバコは、そもそも近世以来ヨーロッパにおいては例外的な存在にとどまっていた。アメリカ先住民は灰などのアルカリ性物質とともにタバコを嚙んでおり、ヨーロッパではこの方法を取り入れなかったために十分なニコチンを摂取できなかったことが理由の一つとされるが、なによりも体面《リスペクタビリティ》の問題が障害となった。嚙みタバコの使用による口臭、歯の黒ずみ、唇の汚れなどが早くから指摘され、他方で空腹を押さえる効果が強調されたものの、近世の嚙みタバコの用途はかなり限定されていたといえる。北米の英領植民地においてもおもにパイプ喫煙が好まれ、さらに十八世紀後半には嗅ぎタバコが流行した。しかしアメリカ合衆国の独立後、とりわけ十九世紀にはいると、アメリカのオリジナルともいえる噛みタバコの嗜好が急速に広まり、十九世紀半ばに葉巻が一般化するまで、アメリカではあらゆる階層がこの噛みタバコを嗜んだのである。第七代大統領アンドルー・ジャクソン▲も噛みタバコを好み、ホワイトハウスのなかであたりかまわず唾を吐いたという。

噛みタバコにはいくつかの種類▲があり、葉を圧縮して箱状にかためたプラグタバコや、ねじって紐状にしたツイストは、少しずつ削るなどして用いられた。ヴァージニア、ノースカロライナ、ケンタッキーなど南部の諸州でおもに製造されたが、南北戦争後はミズーリ州のリゲット・アンド・マイヤーズ社が台頭し、ついでノースカロライナ州ウィンストン(ウィンストン・セイラム)のR・J・レイノルズ社が急成長した。

一方、アメリカにおける嗅ぎタバコのシェアは、十九世紀・二十世紀をつうじて五%程度を占めたものの、噛みタバコへの指向は非常に強く、とりわけアメリカ南部では嗅ぎタバコが噛みタバコとして生き残っただけでなく、十九世紀後半から二十世紀半ばにかけてむしろ消費量が増加すらした。すなわち「嗅

▼アンドルー・ジャクソン(一七六七〜一八四五、在任一八二九〜三七)　米英戦争(一八一二年戦争)を機に国民的英雄となる。特権的な第二合衆国銀行と対峙したり、白人男子普通選挙が普及してジャクソニアン・デモクラシーと称される一方で、先住民への強硬策をとった。夫人はコーン・パイプで喫煙していたといわれる。

▼噛みタバコの種類　黄色種を使って軽く甘みをつけた「フラット・プラグ」、バーレー種を用いた強い芳香の「ネイビー」は、いずれも葉を圧縮して箱状にかためたもの。「ツイスト」は圧縮し、文字どおりねじって紐状にしたもの、「ファイン・カット」は圧縮していないもの、などである。アメリカの野球選手がこれらの噛みタバコを噛んで唾を吐くようすは、今日のわれわれにもなじみ深い。

ぎタバコを噛む」風習であり、例えば「ディップ」という動詞は、端を噛んで刷毛状にした小さな棒などを用いて、嗅ぎタバコを歯茎にこすりつける行為を意味している。▲

おそらくはこのような使用法の嗅ぎタバコを含む噛みタバコが頻出するのが、コールドウェル作の『タバコ・ロード』▲である。「はじめにタバコ、それから綿、ふたつともやって来て、また行ってしまった」(杉木喬訳)という、荒廃した旧タバコ耕地に暮す貧農(プア・ホワイト)の暮しを描いた二十世紀の作だが、農民たちは男女問わず噛みタバコに依存しており、「あいつを一服やると、その日一日じゅう腹がへらねえんだ」とのせりふをはかせている。二十世紀初頭の段階でも噛みタバコはアメリカでもっとも人気のある消費形態であり、その消費が減少に向かいはじめるのは、ようやく第一次世界大戦前のことである。

紙巻タバコの登場

すでに紙巻タバコについて何度かふれたが、われわれが現在、もっともふつうに目にするこのタバコの消費形態は、いかにして歴史の表舞台に登場したの

▼経口摂取の嗅ぎタバコ　スウェーデンでも、上唇の裏側に嗅ぎタバコを詰める方法が好まれた。

▼『タバコ・ロード』　アメリカの作家アースキン・コールドウェル(一九〇三〜八七)の代表作(一九三二年)。タバコの樽をころがすための「タバコ路」が伸びるジョージア州の旧タバコ耕地で暮す貧農たちの日常を、自身の見聞にもとづいてヴィヴィッドに描く。ブロードウェイでも上演され、記録的なロングランをおさめた。

だろうか。俗説では一八五三〜五六年のクリミア戦争がその契機とされる。例えばトルストイの『セヴァストーポリ』▲には、クリミア戦争の主戦場、セヴァストーポリ要塞の攻防戦で、敵対する将兵たちがタバコをつうじて交流する場面が描かれている。そのタバコはパイプタバコであり、紙巻タバコである。「フランス兵は火を吹き立て、パイプをほじって、ロシヤ兵に火を移してやる」(中村白葉訳)。「フランス兵は、巻タバコを吹き出して……」。またロシアの将校たちが「きいろい紙」などで、自ら「紙巻タバコを巻」くようすもみえる。高価な葉巻を好む高級将校も登場するが、血なまぐさい戦場に身をおいた将兵たちは、パイプと同様に紙巻タバコを愛用するようになっているのである。

ただし、この戦争をもって紙巻タバコの嚆矢《こうし》とするわけにはいかない。むしろ原始的な巻タバコの起源は、中南米の先住民にまで遡り、彼らは細かくくだいたタバコをトウモロコシの葉や樹皮などで巻いて喫煙する場合があった。その習慣を取り入れたスペイン人は、十七世紀にきめの細かい紙を使うようになった。「パペレテ」もしくは「シガリリョ」の誕生であり、十八世紀後半にはゴヤ▲の絵にもこの紙巻タバコを吸う人物が認められる。葉巻よりも安価で手

▼『**セヴァストーポリ**』　ロシアの文豪レフ・ニコラエヴィチ・トルストイ(一八二八〜一九一〇)が、クリミア戦争従軍の実体験をもとに描いた三編の短編。この戦争では南下政策をとるロシアにたいし、オスマン帝国を支持する英仏などが対峙し、とりわけセヴァストーポリ要塞をめぐる攻防は激戦となった。トルストイが砲兵士官として戦地に赴いたのは一八五四年から翌年までで、ほぼ同時期にこの作品を脱稿している。

▼**フランシスコ・デ・ゴヤ**(一七四六〜一八二八)　十八世紀スペインの代表的画家。ロココ風絵画の末期に属する。

▼**ヴァージニア葉**(**黄色種**)　葉が鮮黄色で葉肉は薄く、ニコチン含有量は比較的少ない。アメリカ南部、チェサピーク湾岸のやせた地で十九世紀前半から栽培が拡大。薪や木炭による火力乾燥(ファイアー・キュアリング)の時代をへて、熱気送管をつうじた熱風による火力乾燥(フルー・キュアリング)が一八七〇年代に本格的に導入され、二十世紀にはいって一般化。オリエント種や後述のバーレー種とともに、紙巻タバコの原料葉タバコの中核をなし、この黄色種を多用した紙巻タバコはヴァージニア・ブレンドと呼ばれる。

軽な紙巻タバコは、十九世紀にはいると、スペインから西欧諸国、さらにはレヴァント(東地中海)方面との貿易をつうじてロシアにも伝わった。フランスでは一八四三年、専売局がアメリカ産の葉を用いて紙巻タバコ《シガレット》の製造を開始している。さきにみたメリメの『カルメン』が発表されたのは、この二年後である。

フランスをまねて紙巻タバコの製造を始めたロシアではトルコやバルカン産の葉が用いられたが、これらの葉の煙は酸性度が強く、吸いやすいだけでなく、巻紙が燃えるさいに生じる臭みを濃厚な芳香で打ち消すことができた。紙巻タバコはイギリスにも一八四〇年代にはすでに伝わっており、時期的にクリミア戦争よりも早かったが、製造の開始はそれ以降とされる。今日、世界最大のタバコ多国籍企業に成長したフィリップ・モリス社の基礎を築いたフィリップ・モリスも、一八五〇年代後半のロンドンで、クリミア戦争から帰還した兵士たちの需要にこたえて、トルコ葉を用いた「ロシア風」紙巻タバコを製造・販売して繁盛した。

ドイツ語圏では一八六二年に、最初の紙巻タバコ工場がドレスデンに建設されている。アメリカにはイギリスを経由して紙巻タバコがもたらされたと考え

各国における紙巻タバコの消費

国名	タバコ消費全体の50％を占めた年	1950年のタバコ消費に占める割合（%）
イギリス（UK）	1920	84
オーストリア	1939	76
アメリカ合衆国	1941	72
フランス	1943	53
スウェーデン	1951	49
ドイツ	1955	37
スペイン	1955	31
ベルギー	1961	44
デンマーク	1961	44
オランダ	1972	43

られ、一八六一～六五年の南北戦争後、その消費は徐々に拡大し、おもにニューヨークのギリシア移民やロシア移民がいとなむ小規模な工房で製造された。なかでもベドロシアン兄弟は、トルコ葉（オリエント種）とヴァージニア葉（黄色種）▲のブレンドを完成させ、これが紙巻タバコの一つのかたちをつくりあげることになる。

ただしここで注意すべきは、この時点においてすら、紙巻タバコは決して主要なタバコ消費の形態ではなかったという事実である。ましてや、クリミア戦争を契機に人びとの嗜好が急速に紙巻タバコへ移行したなどということはできない。二十世紀初頭の段階でも、アメリカで紙巻タバコの製造に用いられた葉タバコは、全体の三・四％にすぎなかった。上の表にあるように、欧米の多くの国々において紙巻がタバコ消費全体の半分を占めるようになるのは、ようやく第二次世界大戦中、もしくは戦後のことなのである。従来の多様なタバコ消費のあり方が、この紙巻タバコという、商業ベースで展開されるもっとも手軽なニコチン摂取法へと、容易に雪崩を打って向かうことを防いだともいえる。紙巻タバコが市場を席巻するにいたるには、むろん時代の要請は否定しえない

ブラックウェル社のパイプタバコ「ブル・ダラム」の広告

▼ジェイムズ・ブキャナン・デューク（一八五六〜一九二五）　リンカーンの一代前の大統領ジェイムズ・ブキャナンにちなんだ名をもつ。タバコで成功したのちは他業種へも進出し、一九一二年には南部電力会社（現デューク電力会社）を設立。またかつての自宅近傍に位置したトリニティ・カレッジに巨額の私財を投じ、名門の私立デューク大学へと改組・成長する礎を築いた。若いころは嚙みタバコを好み、のちに葉巻を嗜んだが、皮肉にも紙巻タバコをきらい、これを決して吸わなかったという。デューク大学のキャンパスに立つ彼の像は、紙巻タバコではなく、葉巻を手にしている。

としても、タバコ史上、いや経営史上にその名をとどろかす一人の人物の存在があった。タバコ王の名をほしいままにしたデュークである。

タバコ王デューク

アメリカ南部のノースカロライナ州ダラムでおもにパイプタバコを製造していたW・T・ブラックウェル社は、一八六六年にその新製品「ブル・ダラム」を売り出し、一八七〇年代・八〇年代には雄牛をモチーフとした広告キャンペーンを全国的に展開して、タバコ業界に新風を巻き起こした。同じダラムで父とともにやはりパイプタバコや嚙みタバコをつくっていたジェイムズ・ブキャナン・デューク▲は、このブラックウェル社に対抗して経営拡大をはかるべく、一八八一年、勃興しつつあった新市場、紙巻タバコに社運を託した。大きな賭《かけ》ではあったが、紙巻タバコに適した黄色種の作付け拡大や、マッチの普及、さらに紙巻タバコの連邦税率の引下げなど、時代の追い風が吹いていたこともまちがいない。デュークは発明されたばかりの紙巻タバコ高速巻上機に目をつけ、躊躇《ちゅうちょ》する他社を尻目にその製造メーカー、ボンサック社と有利な条件で賃

ジェイムズ・ブキャナン・デューク

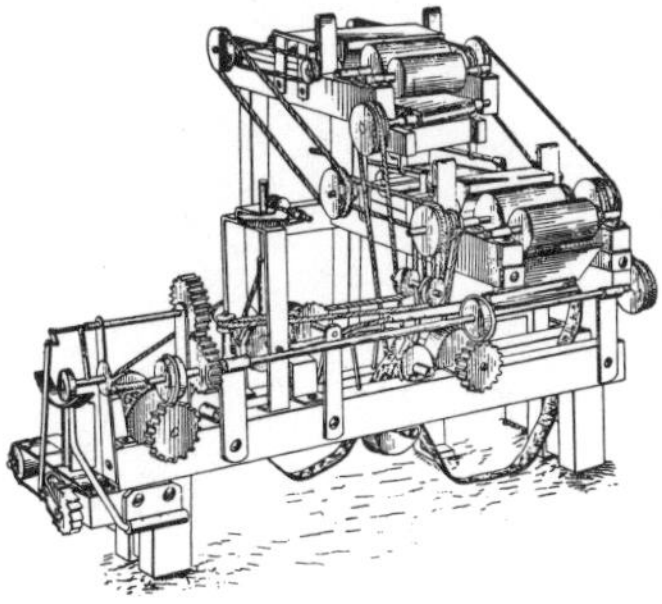

ボンサックの紙巻タバコ巻上機

貸契約を結んだ。それまでの女工による手作業から、機械によるタバコの大量生産という技術革新の波に真っ先に乗ったのである。

デュークは大量生産と並んで、それに見合う需要、すなわち大衆消費市場の開拓にも積極的に取り組んだ。新聞・雑誌など種々の媒体による全国規模での広告、製品の無料配布、取扱業者へのリベート、また競技会のスポンサーを引き受けたり、当時流行していたローラーホッケーのチームに主要銘柄名をつけるなど、ブラックウェル社を凌ぐたくみな販売戦略を展開した。さらにシガレット・カードも最大限に活用した。おまけとして封入したカードには、歌手、女優などの絵や写真を刷り込んでターゲットとなる消費者の関心をそそり、しかもシリーズ物とすることで販売の促進におおきくつなげたのである。一八八六年には新銘柄「カメオ」の発売にさいして、従来の破れやすい薄紙でつくられたパッケージにかえてスライド式のボックスを導入している。こうして紙巻タバコの製造に着手してから一〇年もたたないうちに、デューク社はほかのメーカーを圧倒してアメリカ最大の紙巻タバコ製造会社にのしあがった。そしてデューク社がイニシアティヴをとって紙巻タバコのトラスト（企業合同）が一

デューク社のシガレット・カード

▼ロリラード社　P・ロリラードが一七六〇年に創業した全米で最古のタバコ会社。ロリラード自身はアメリカ独立革命で敵兵に殺害されている。当初はおもに嗅ぎタバコを製造したが、十九世紀にはいると嚙みタバコに比重を移した。ちなみに一八八〇年代、喫煙時などに着用する服をもとに、一族の者が礼服のタキシードを広めたとされる。

八九〇年に成立し、アメリカン・タバコ社が設立された。社長の座におさまったのは、むろんデュークその人である。

こうしてデュークの制圧した紙巻タバコ市場であるが、タバコ産業全体からみれば依然として小規模な新興市場にとどまっており、彼の野望はより大きなシェアを占める嚙みタバコ、パイプタバコへと向かった。一八九四〜九九年にかけていわゆる「プラグ(嚙みタバコ)戦争」を競合他社にしかけ、ロリラード社▲、リゲット・アンド・マイヤーズ社、R・J・レイノルズ社などの大手を傘下におさめることに成功した。ついで一八九九〜一九〇〇年に「スナッフ(嗅ぎタバコ)戦争」によって嗅ぎタバコ産業を掌中にし、さらに葉巻産業にまで手を伸ばしたが、小規模製造業者が乱立していたこの分野での製造の独占はならなかった。またタバコ製品の原料たる葉タバコについては、例えばタバコ農場を直接所有・経営するような「垂直的統合」の方策はとらず、そのため、小規模な栽培農家の存続と大規模な製造・販売の展開というきわだったコントラスト、二重性が、近現代のタバコ史を貫徹する特徴となったである。ともあれデュークのアメリカン・タバコ社がつくりあげた巨大トラストは、一九一〇年には全米タバコ市場の四分の三をも支配し、デュークは文字どおり「タバコ王」の座に君臨していた。さらに海外、世界へと広がる彼の野望、そして足元で待ちかまえる大きな陥穽については、次章で述べたい。

ロシアのタバコ

時代をやや遡り、皇帝《ツァーリ》ニコライ一世▲治下のロシアに目を転じてみよう。一八三〇年代・四〇年代の同国におけるタバコ事情は、ゴーゴリ▲の作品からうかがい知ることができる。『鼻』『外套』『死せる魂』などには、登場人物が嗅ぎタバコを嗜むようすがしばしば描かれており、嗅ぎタバコ入れの形状も、円形、角型、樺の皮製、肖像付きなど、バラエティに富む。貧しい職人から高級官僚まで、社会階層の上下にかかわらず嗅ぎタバコは愛好されていたようだが、鼻を失った主人公が「こんな下等なベレジナタバコはもとより、ラペーの飛びきりだって、見るのも厭だ」(平井肇訳)と叫ぶ描写からみるかぎり、南ロシア産の安タバコから、フランス産の高級タバコまで、階層によって手にするタバコの種類は異なっていたようである。また頭痛や痔に効き、生気をつけるなど、

▼ニコライ一世(一七九六〜一八五五、在位一八二五〜五五)　反動的な内政・外交を強行し、クリミア戦争を引き起こした。

▼ニコライ・ゴーゴリ(一八〇九〜五二)　ロシアの作家・劇作家。一八三三年から三五年にかけて執筆し三六年に発表した『鼻』と、一八四〇年に書き、四二年に発表した『外套』は、いずれもゴーゴリの代表的な短編である。長編の『死せる魂』は一八四二年に第一部が刊行された。

嗅ぎタバコの薬効をイメージさせるせりふもある。一方、役人が葉巻を燻《くゆ》らせたり、パイプで喫煙する情景も描かれており、タバコ消費の多様化が進行していた状況も同時に推察される。そして一八五〇年代にはいると、紙巻タバコがしだいに浸透してくることになる。

アレクサンドル二世▲治下の一八六〇年代に発表されたドストエフスキーの『罪と罰』▲には、主人公が並木道で巡査に「タバコを巻くようなふりで立っているでしょう」(江川卓訳)と述べるくだりがでてくるが、これは、それまで禁止されていたペテルブルクの街頭での喫煙が六五年に解禁となった事情を背景としており、やはり紙巻タバコの普及と、皇帝による「大改革」の一端を示唆する表現といえよう。一方、アレクサンドル二世爆殺後の一八八〇年代に書かれ、その後、改稿されたチェーホフの一人芝居の戯曲『タバコの害について』▲のなかには、喫煙者の登場人物がタバコの害を論じる文句が散見され、ニコチンの化学式に言及するとともに、「タバコには恐ろしい毒が含まれているという事情から見て、どんなことがあっても喫煙など、いたすべきではないのであります」(原卓也訳)と結論づけられている。この作品の喜劇的性格からして額

▼アレクサンドル二世(一八一八～八一、在位一八五五～八一)　ニコライ一世の子。クリミア戦争の敗北下に即位し、農奴解放などの「大改革」を推し進めたが、革命勢力を厳しく弾圧し、暗殺された。

▼『罪と罰』　ニコライ一世の圧政下、シベリアでの獄中生活を経験したロシアの文豪フョードル・ミハイロヴィチ・ドストエフスキー(一八二一～八一)の長編小説。一八六六年、雑誌に連載。その発表直前に、モスクワで学生が高利貸を殺害して金品を強奪するという、あたかも作品のプロットをなぞるかのような事件が発生した。

▼『タバコの害について』　ロシアの作家・劇作家アントン・チェーホフ(一八六〇～一九〇四)の作。この戯曲は一八八六年に発表されたが、その後、六回改稿され、最終稿は一九〇二年。引用した文章はこの最終稿のもの。

面どおりには受け取れないものの、少なくとも当時、ほかの欧米諸国と同様に、このような反タバコ的な見方をする向きがあったことは十分にうかがわれ、タイトルそのもののインパクトとあわせて、大変興味深い事例といえよう。

反タバコの言説と実践

かかる反タバコの言説は、さきにふれたバルザック『近代興奮剤考』にもつとに認められる。彼は五種の興奮剤として蒸留酒・砂糖・紅茶・コーヒー・タバコを指摘し、とりわけタバコは「数ある興奮剤の中でも群を抜いている」（山田登世子訳）として論の最後におかれ、辛辣な批判が展開される。まだニコチンの語は登場しないが、「この毒」の依存性にもしっかりと注目し、「タバコを吸うと最初はひどい目眩に襲われる……しだいに慣れてゆく」と喝破する。そして喫煙によって「唾液の分泌が停止」し、「粘液の循環」が阻害されて「精力を枯らしてしまう」点が問題だとするのである。論理はガレノス説の素朴な応用の域をでていないし、コーヒーを愛飲したバルザックゆえ、タバコにはとくに手厳しかった可能性もあるが、十九世紀前半の反タバコの言説として極め

▼**ルイ・パストゥール**(一八二二〜九五) フランスの化学者・微生物学者。乳酸菌などを発見し、細菌学を創始。狂犬病の予防接種に成功した。

て興味深い。

さらに十九世紀後半にはいり、やはりさきにみたフローベール『紋切型辞典』のタバコの項には、「脳と脊髄の病気の原因になる」(小倉孝誠訳)と記されている。一八七〇年代のフランスで、このようにタバコが病因となりうるとの観念が民間で共有されていたとしてもじつは不思議ではない。漸次的な紙巻タバコの普及と軌を一にするかのように、十九世紀後半には欧米諸国でさまざまな反タバコ協会が誕生して禁煙運動を大衆レベルで展開しており、一八七八年には細菌学者のパストゥール▲もこのような団体の一つに入会しているのである。したがってこのフローベールの文章やさきのチェーホフの戯曲は、この時期に高まった反タバコの動きに呼応するものともいえる。ただし、フランスの主要な二つの反タバコ協会は、二十世紀初頭に解散にいたっている。イギリスにおいても反タバコ協会は同様の運命をたどったが、一つの成果を残した。子どもへのタバコの販売を禁止し、公共の場で青少年の喫煙を禁じた法律が一九〇八年にイギリス議会を通過したのである。そして海の向こうのアメリカでは、より徹底した反タバコを求める声が、さらに大きなうねりを生じさせていた。

④―タバコのゆくえ

アメリカにおける反タバコ運動

紙巻タバコの浸透にともない、アメリカでもタバコ、とりわけ紙巻タバコへの批判がしだいに強まった。発明王エディソン▲は一九一四年、自動車王フォード▲に宛てた手紙のなかで紙巻タバコの有害性、とりわけ青少年への害を指摘し、「紙巻タバコを吸う者は雇わない」と断じている。むろんフォードも社員に禁煙を推奨し、自身の禁煙論を開陳した著書まで出版している。そしてこのような有名人とともに、当時、禁煙運動の闘士として名を馳せたのが、ルーシー・ペイジ・ガストンである。

一八六〇年、禁煙・禁酒を遵守する一家に生まれた彼女は、イリノイ州の小さな町で教鞭を執っていたころ、生徒たちの喫煙に悩まされた経験から、児童喫煙を社会問題としてとらえる視点をはぐくんだ。青少年の喫煙については、例えばマーク・トウェイン『トム・ソーヤーの冒険』▲にもそのような場面がでてくるが、ガストンは喫煙をさまざまな悪癖への入り口ととらえ、とりわけ当

▼トマス・エディソン（一八四七〜一九三一）　アメリカの発明家。実験所をおいたニュージャージー州の村名にちなんで「メンロパークの魔術師」とも呼ばれる。正規の学校教育はほとんど受けず、蓄音機・白熱電球・活動写真などを発明、実用化した。紙巻タバコの巻紙の燃焼をとくに問題視し、自身は葉巻や嚙みタバコを嗜んだ。

▼ヘンリー・フォード（一八六三〜一九四七）　エディソン電灯会社の技師をへて、一九〇三年にフォード自動車会社を設立。高賃金を導入するも労働組合には批判的で、社員の行動を監視する部署を設け、第一次世界大戦以前は紙巻タバコの喫煙者を雇用しなかった。

▼『トム・ソーヤーの冒険』　アメリカを代表する作家トウェイン（本名サミュエル・L・クレメンス、一八三五〜一九一〇）の作。一八七六年刊。作品は作者の「三〇、四〇年前」の少年期の実体験がたくみに織り込まれている。作中にはトムがはじめてパイプを吸って気分が悪くなる場面がある。

時大きな社会問題となっていた飲酒へと導く役割を問題視したのである。喫煙と飲酒の関連についてはすでに十八世紀末、著名な医師ベンジャミン・ラッシュ▲が論文で指摘しており、以後、波はみられるものの、繰り返し主張されてきた論点でもあった。ガストンは主要メンバーとして参加していた禁酒運動団体にたいして禁煙の重要性を喚起する一方、ターゲットを紙巻タバコに絞って一八九九年、「反シガレット連盟」をシカゴで旗揚げした。紙巻タバコが労働の効率性をそこなうと考えていたシカゴ財界もこの新団体を財政面から支援し、支援者のなかには急成長していた通販会社シアーズ・ローバック社▲の社長や鉄鋼王カーネギー▲の名もみえる。

　さらにガストンは一九〇一年に「全国反シガレット連盟」をも組織し、アメリカン・タバコ社との対決姿勢を露《あらわ》にした。タバコ王デュークもこの禁煙運動の女性闘士をおおいに恐れたという。かくして反タバコの波は中西部を中心に全米を席巻し、未成年者へのタバコ販売を禁止する法律が各州で制定されるとともに、一九一三年までに一一の州で紙巻タバコの販売を非合法化する「禁煙法(反シガレット法)」が施行されるにいたったのである。

▼ベンジャミン・ラッシュ(一七四五〜一八一三)　極めて著名なアメリカの内科医で、独立宣言署名者の一人。一七九八年刊行の著書に収録した論文「タバコの常用が健康・道徳・財産におよぼす影響についての考察」のなかで、日常的に喫煙したり嚙みタバコを用いると強い喉の渇きが生じ、それを静めるために強い蒸留酒に手を伸ばし、酒浸りになると論じている。

▼シアーズ・ローバック社　一八九三年、鉄道会社のエージェントだったシアーズと時計師のローバックが創業。中西部の農民たちにカタログをつうじてさまざまな商品を低価格で通信販売し、成長をとげた。

▼アンドルー・カーネギー(一八三五〜一九一九)　貧しい移民から身を起こし、興業して鉄鋼業界に君臨。晩年は会社を売却し、文化事業に専心した。

しかしこの禁煙法はかならずしも実効をともなわず、また州法から連邦法への展開を求める気運も十分にはもりあがらなかった。さらに第一次世界大戦へアメリカが参戦すると、大量の紙巻タバコが戦場の兵士たちに送られ、無償配布されるとともに、銃後でも紙巻タバコはいっそうの普及をみた。大戦後、一九二〇年代にはいると禁煙運動はしだいに下火となり、禁煙法を撤廃する州があいついだのである。

だがガストンの闘志はかげることなく、ハーディング大統領▲に手紙を送って大統領個人に禁煙を迫ったり、自ら大統領予備選に出馬したりした。しかしその過激な主張がきらわれるようになったこともあって「反シガレット連盟」を追われ、一九二四年、志半ばにしてガンに倒れた。独身だった彼女の葬儀の最中、参列していた子どもたちが突然立ち上がり、彼女の棺に向かって感謝の言葉を述べ、「禁煙の誓い」を復唱したという。三年後、最後の禁煙法がカンザス州で廃止された。

「反シガレット連盟」の「禁煙の誓い」のカード

...Pledge of the Anti-Cigarette League...

"My strength is as the strength of ten because my heart is pure."

I do hereby pledge myself upon honor to abstain from smoking Cigarettes or using tobacco in any form, at least until I reach the age of twenty-one years, and to use my influence to induce others to do the same.

Date

▼ハーディング大統領（一八六五〜一九二三、在任一九二一〜二三）　第二九代大統領。政党は共和党。政権の汚職事件が頻発したこともあって、歴代大統領のなかでも極めて評価が低い。ガストンからの手紙にたいし、彼女の熱意を称えつつも禁煙を断ったが、以後、公の場での喫煙を慎んだという。在任中の急死を、喫煙と結びつけてとらえる説もある。

名探偵たち

当時のタバコ消費の実相、とりわけ欧米における紙巻タバコの普及状況を探るうえで、お馴染みの推理小説もじつは重要な手がかりとなりうる。推理小説の創始者ポーが一八四〇年代につくりあげた天才探偵オーギュスト・デュパン▲は、金の嗅ぎタバコ入れを所持しつつも、一方では好んで海泡石《メアシャム》のパイプを吹かしており、喫煙の興隆が背景として認められるが、おもに十九世紀末（より正確には一八八〇年代ころから二〇世紀初頭まで）のイギリスを舞台に活躍する名探偵シャーロック・ホームズは、パイプを燻《くゆ》らすだけでなく、紙巻タバコや葉巻も嗜んでいる。しかも一連の作品のなかでホームズが手にするパイプは、まっすぐなクレイ・パイプや桜材のパイプ▲などであって、大きくくびれた瓢簞《ひょうたん》のキャラバッシュ・パイプを愛用する姿は、人口に膾炙《かいしゃ》するも後世の創作である。タバコの灰の識別にかんする論文をものしている（という設定になっている）ホームズにしてみれば、当時一割程度のシェアを占めていた紙巻タバコを喫《の》まないほうがむしろ不自然だったかもしれない。『瀕死の探偵』▲のなかで彼はいう。「マッチと紙巻を一本頼む……タバコを吸えないのは本当に辛かったよ」。

▼オーギュスト・デュパン　アメリカの作家エドガー・アラン・ポー（一八〇九〜四九）の三つの短編に登場し、パリを舞台に活躍する探偵。なかでも『盗まれた手紙』（一八四五年発表）は最高傑作とされ、作中には海泡石のパイプとともに金の嗅ぎタバコ入れも描かれている。なお海泡石のパイプは、十八世紀初頭にハンガリーの外交官がトルコから石を持ち帰り、パイプにつくらせたのが嚆矢とされ、十八世紀中葉以降、需要が高まった。

▼ホームズのパイプ　『ぶな屋敷』（一八九二年発表）のなかでホームズは、瞑想ではなく議論をしたい気分になると、クレイ・パイプにかえて桜材のパイプを手にとるとされている。

▼『瀕死の探偵』　重病を装ったホームズがたくみに犯人の口を割らせたのち、仮病であることを犯人に告げるさいに発した言葉。この作品が発表されたのは一九一三年であるが、作中年代は一八八七年ないし九〇年と推定されている。

つまりホームズの物語は、パイプ、紙巻タバコ、葉巻という、当時のイギリスにおける喫煙形態の多様性を、はからずも読者に垣間みせてくれているのである。

またこの物語は、大英帝国の広がりを象徴するかのように、海外植民地や世界各地のさまざまな事象・文物がテーマに組み込まれており、タバコにかんしても『四つの署名』では水ギセルが、『金縁の鼻眼鏡』ではアレクサンドリアの紙巻タバコが登場したりする。ただしその植民地帝国に君臨する君主、つまり『マスグレーヴ家の儀式書』でホームズが下宿の壁を拳銃で撃って描いた頭文字の「V・R」、すなわちヴィクトリア女王が、大のタバコぎらいであったのは皮肉であろう。

一方、アール・デコ▲の時代のイギリスを主たる舞台に描かれる名探偵エルキュール・ポワロの物語では、すでに紙巻タバコが主役の感があり、女性もしばしばシガレットを手にとる場面が散見されることになる。これよりやや遡り、おもに二十世紀初頭のベル・エポックのフランスを背景に活写される怪盗アルセーヌ・リュパンの冒険譚でも、紙巻タバコは頻出する。とくに『緑の目の令

▼アール・デコ　一九二五年の装飾美術国際博覧会にちなんで名づけられ、二〇年代・三〇年代に流行した装飾様式。直線的なデザインを特徴とする。ただしポワロの物語の設定は、第一次世界大戦中の『スタイルズ荘の怪事件』(一九二〇年発表)から、その「二〇余年」後の『カーテン』(一九七五年発表)まで、年代的には幅がある(最初の事件は、より正確には大戦前の『チョコレートの箱』事件)。

▼**『緑の目の令嬢』**　この物語を作者モーリス・ルブラン(一八六四〜一九四一)が雑誌に発表したのは一九二六〜二七年だが、作中年代は一九〇八年と考えられている。ちなみにこの作品は、アニメーション映画『カリオストロの城』(宮崎駿監督、一九七九年)にヒントを与えたとされる。

嬢』▲のなかで、シガレットをくわえたリュパンが警視に向かって火を貸してくれと頼むシーンは印象的であり、作中では女性のシガレット・ケースも証拠の品としてあげられている。

では、英仏の実際の紙巻タバコの消費は、マクロなレベルでみればどのようなペースで進行していったのか。すでに六一頁で掲げた表を再度みてみると、イギリスにおいて紙巻タバコの消費が全タバコ消費の五割をこえたのは、表中の国々でもっとも早い一九二〇年であり、ホームズ、ポワロの物語は、ともにこのような状況を如実に写し取っていることがわかる。もっともフランスでは、紙巻タバコが五割をこえるのは一九四〇年代にはいってからにすぎず、普及という点でイギリスの後塵を拝している。したがってリュパンの物語は、ことタバコにかんするかぎり、作中年代以上に、執筆当時の風俗が作品に反映されているといえるかもしれない。

BAT社の設立と世界への侵攻

さて、アメリカでの紙巻タバコの普及を背景に勢力拡大をはかるデュークは、同じ北米のカナダ、メキシコ、さらにはオーストラリア、そしてアジアへと歩を進めた。アジアでは日本と中国がおもなターゲットとなり、例えば日本でアメリカ流のビジネス・モデルを導入して業界をリードしていた「村井兄弟商会」と提携し、アメリカン・タバコ社は日本上陸をはたしたのである。しかし中国やインド市場などでイギリスのタバコ会社と競合関係に陥ると、デュークはイギリスでの本土決戦を選ぶ。米英「タバコ戦争」の勃発である。

イギリスのタバコ会社を買収し、侵攻をはかるデュークにたいし、イギリス側は一九〇一年、主要メーカー一三社が連合して「インペリアル・タバコ社」を設立し、反撃の体制を整えた。熾烈な戦いのすえ、両者はようやく和解にいたる。それぞれが本国の市場を相互不可侵とし、米英以外の世界市場開拓のために共同出資して合弁子会社ブリティッシュ・アメリカン・タバコ社(ＢＡＴ社)を創設するとの協定である。かくして今日、世界第二位のタバコ多国籍企業として君臨するＢＡＴ社が産声をあげた。

しかしＢＡＴ社が紙巻タバコの市場として狙いを定めた地には、むろん伝統的なタバコ文化が根づいていた。例えば朝鮮半島では、フランス人宣教師シャルル・ダレ▲が述べているようにキセル喫煙が極めて一般化しており、また中国でも、紙巻タバコを好んだ愛煙家の魯迅▲が短編小説『阿Q正伝』の阿Qや『故郷』の登場人物——いずれも極貧——にキセルを吸わせている。同時代の風俗を描いた『北京風俗図譜』▲にもキセルはみられ、高価な水ギセル用のタバコにたいして、キセル用のタバコは安価に入手できた。だが、このような伝統的なタバコのあり方を尻目に、ＢＡＴ社はさまざまな戦略で紙巻タバコの販売促進をはかった。宣伝隊の編成・展開や、蓄音機・映画の活用などである。一方、ＢＡＴ社に対抗するため、一九〇四年にタバコの製造専売制を導入した日本は、朝鮮半島や中国のマーケットをめぐって同社と激しい競争に突入していく。

こうして紙巻タバコが急速に浸透した日本や中国とは対照的に、インドでは水ギセルやチェルート(一二三頁参照)、「ビディ」▲など伝統的なタバコ消費が大きな比重を占めつづけ、ＢＡＴ社の販売努力にもかかわらず、英領インド市場を完全に掌握するにはいたらなかった。また商業ベースのタバコではないが、一九三〇年代のインドシナで狩猟採集生活を送るピー・トング・ルアング族の生活を克明に記したベルナツィーク▲『黄色い葉の精霊』によれば、この少数民

▼**シャルル・ダレ**(一八二九～七八)　宣教師としてアジア各地に赴いたが、朝鮮には入国しておらず、東京で病没。一八七四年にパリで出版した『朝鮮教会史』の序論部分(「朝鮮事情」)は当時の社会・風俗をあつかい、一八七六年の日朝修好条規による「開国」以前、鎖国体制下の朝鮮半島に潜入したフランス人宣教師たちの通信をもとに執筆している。榎本武揚の抄訳もある。

▼**魯迅**(一八八一～一九三六)　中国近代文学の礎を築いた文学者で本名は周樹人。日本留学中に医学から文学に転じた。『阿Q正伝』は一九二一～二二年、『故郷』は二一年に発表。

▼**『北京風俗図譜』**　東洋文庫所収(一九六四年)。原編者・青木正児、解説・内田道夫。青木が北京留学中の一九二〇年代中葉、現地の絵師に描かせた図譜に、のちに内田が解説を付したもの。ヴィジュアルな民俗学的資料として極めて貴重。

▼**ビディ**　十分に乾燥していない葉タバコを粒状にし、木の葉で巻い

族はごくまれにベテル・チューイングをおこなう一方、ほかの「山岳民族……から物々交換によって」（大林太良訳）タバコを入手し、「小さなキセルや水ギセルにつめて吸ったり、あるいは噛んだり」している。さらに十九世紀末に「タバコ・ボイコット運動▲」を経験したイランでは、一九三三年にヘダーヤト▲が著したその民俗誌『不思議の国』のなかで、「巻タバコ」（奥西峻介訳）と水ギセルがともに描き出されている。

そもそもBAT社は海外で直接投資・現地生産の原則を採用しており、単純に英米の「手先」だったわけではないが、とりわけイギリスの海外植民地進出の一端を経済的・文化的な側面から担ったことはいなめない。だがローカルとグローバルの相互作用の観点からすれば、BAT社の紙巻タバコが表象する近代的なタバコ文化が現地社会に与えたインパクト、とりわけドメスティックなタバコ文化への影響は大きいものの、その一方的な浸透だけでなく、現地での「したたかな」受容のあり方にも目が向けられるべきであろう。

ともあれ米英を中心としたこのような国際的な紙巻タバコ産業の形成・展開は、経営史家のH・コックスによれば、第二次世界大戦末まで大まかに四段階

て糸で結んだ安価なタバコ。農村で手作業でつくられた。

▼フーゴー・アドルフ・ベルナツィーク（一八九七〜一九五三）　オーストリアの民族学者。世界各地への調査旅行で名声を博する。ピー・トング・ルアング族は一九三六〜三七年の調査時点で狩猟採集生活を送っており、モンゴロイドとしては極めてまれな例といえる。

▼タバコ・ボイコット運動　外国人に国内の利権を切売りして収入をえていたカージャール朝は一八九〇年、タバコにかんする独占権をイギリス人に与えたが、これがイランのナショナリズムを刺激し、さらに宗教的権威から発せられた禁煙の宗教見解もあってボイコット運動が広範に展開された。一八九二年、政府は利権を撤廃して多額の賠償金を支払った。

▼サーデク・ヘダーヤト（一九〇三〜五一）　近代イランを代表する作家で、民俗学関係の業績も多数ある。

に時期区分される。第一段階（一八八〇頃～一九〇二年）が初期の競争時代とBAT社の創設、同社の海外市場への進出が第二段階（一九〇二～一八年頃）、国際競争が再燃、激化した両大戦間期が第三段階（一九一八～二九年）、そして市場競争が共謀協定や価格管理にきりかわったカルテルの時期が第四段階（一九二九～四五年頃）となる。しかしこの間、アメリカ国内ではタバコ業界に大きな再編の波が生じていた。反トラスト法が発動されたのである。

トラストの解体とタバコ産業の再編

革新主義の大統領セオドア・ローズヴェルト▲は、シャーマン反トラスト法▲を縦横に駆使して巨大トラストに敢然といどみ、「トラスト・バスター」の異名をとった。彼はトラスト自体を否定したわけではなく、反社会的とみなした「悪しきトラスト」にのみターゲットを絞り、アメリカン・タバコ社を射程におさめたのである。政府は一九〇七年に同社を法廷に訴え、長い法廷闘争のすえ、一九一一年に連邦最高裁はトラスト解体を命じた。判決文の朗読には一時間半もが費やされたという。かくしてデュークの築き上げたタバコ・トラスト

▼**セオドア・ローズヴェルト**（一八五八～一九一九、在任一九〇一～〇九）　テディ・ベアの名の由来となった第二六代大統領。マッキンリー大統領の暗殺で副大統領より昇格。国内で改革的政策を遂行する一方、帝国主義的な「棍棒外交」を展開した。日露戦争では講和に尽力。

▼**シャーマン反トラスト法**　J・シャーマンの議員立法により一八九〇年に制定された連邦レベルの独占禁止法。その後一九一四年のクレイトン法など、反トラスト諸法によって補足・強化された。

▼バーレー種　一八六四年、オハイオ州のタバコ畑で突然変異により誕生。陰干しで自然乾燥させる。喫味が軽く、ほかの種類の葉とよくなじみ、香料などの吸着性も極めて良好。当初は嚙みタバコ、のちにパイプタバコにも用いられた。

「キャメル」の意匠に採用されたサーカス団のひとこぶラクダ「オールド・ジョー」

は、事実上、四社に分割された。アメリカン・タバコ社、R・J・レイノルズ社、ロリラード社、リゲット・アンド・マイヤーズ社である。「イギリスでナイトに叙されるべき者がアメリカでは犯罪者扱い」。こういってデュークはなげいたとされる。またBAT社株の売却も命じられたため、持株比率や取締役会の構成などでBAT社は「イギリス化」したが、その後一一年間、デュークはロンドンで同社の会長を務めた。

こうしてふたたび活性化されたアメリカのタバコ産業のなかで、まず気をはいたのがR・J・レイノルズ社である。かつて「プラグ戦争」に敗れ、デュークを深く恨んでいたレイノルズは、同社にとって未知の領域、紙巻タバコ分野に本格的に進出するにあたって、葉タバコの革新的なブレンドを導入した。従来の黄色種やオリエント種に新たにバーレー種▲を加えた「アメリカン・ブレンド」である。このブレンドを用いた紙巻タバコが、今日、トップブランドに成長した「キャメル」にほかならない。「キャメル」の販売戦略もまた革新的であり、これまでのような景品の添付を廃止し、たくみなキャッチコピーを用いた広告に重点をおいた。「キャメルのためなら一マイルでも歩く」なるコピー

アメリカ合衆国における紙巻タバコ銘柄の市場占有率

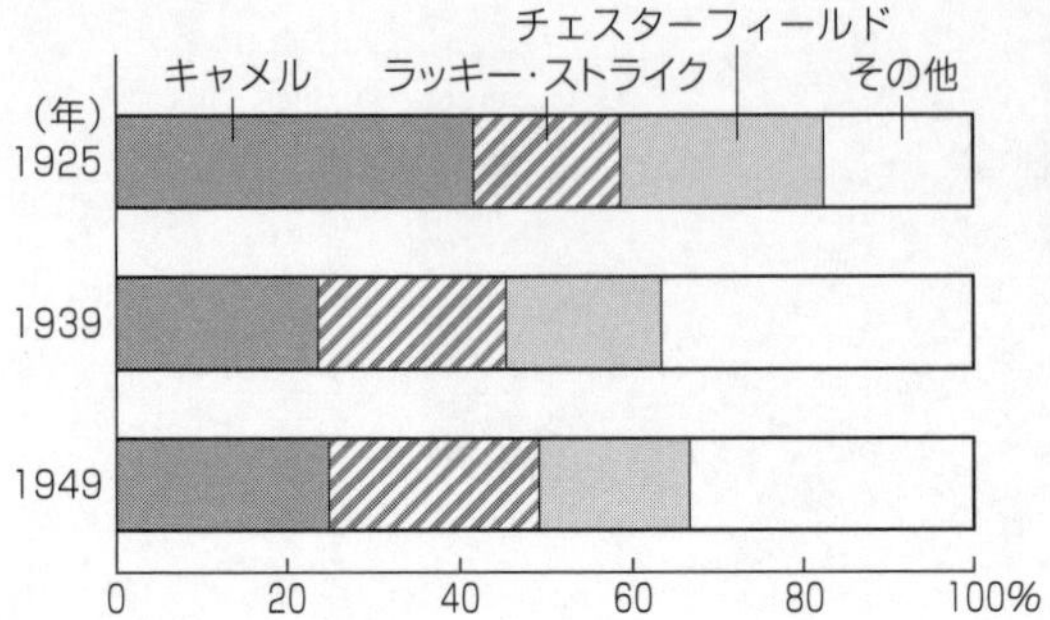

は有名だが、やがて「でも君は一マイルと同じ」のセリフが登場し、さらにはつぎのような殺し文句がつけ加えられた。「長い道のりをやっときたねぇ、ベイビー」。

上に掲げたグラフにあるように、一九一〇年代から四〇年代にかけてアメリカの紙巻タバコ市場は三つの銘柄によって支配された。「キャメル」とあと二つはアメリカン・タバコ社の「ラッキー・ストライク」、リゲット・アンド・マイヤーズ社の「チェスターフィールド」である。一九二〇年代、「ラッキー・ストライク」は「お菓子のかわりにラッキーを」のコピーのもと、当時、種々の場で開放されつつあった女性を積極的にターゲットとした。

そもそもタバコは十九世紀中にしだいに男性的な色彩をおび、一九二〇年代半ばのデータによれば、女性のタバコ消費量はアメリカで五%、イギリスではわずか二%弱にすぎなかった。タバコ会社はこのかくされた市場に目をつけたのである。今日、カウボーイの男性的なイメージが強い「マールボロ」も、一九二四年に登場したときには女性をメインターゲットとした贅沢なタバコであった。一九五〇年代になってタバコとガンの関係が取りざたされるようになると、女性向けから男性向けへと大きなコンセプトの変更がおこなわれたのである。

　このタバコを製造していたのがフィリップ・モリス社であり、一九二〇年代にはまだわずかなシェアを占めるにとどまっていた。しかし一九三〇年代に発売した「フィリップ・モリス」が人気をえ、四〇年代以降、紙巻タバコ市場で急成長をとげる。一方、BAT社はノースカロライナ州のブラウン・アンド・ウィリアムソン社を一九二〇年代末に買収し、アメリカ市場への進出をはかった。こうして新興の二つのメーカーを加えた六社がすべてでそろい、以後、たがいに存亡をかけて熾烈なブランド競争を展開するのである。

　また原料となる葉タバコの栽培に目を向ければ、総じて労働集約性と小規模経営という二つの特性が指摘できるが、タバコが自由競争にさらされたアメリカでは、冬の厳しい地域でも小規模農家がタバコ栽培にいそしんでいた。例えばTVアニメーション『あらいぐまラスカル』の原作者として有名なスターリング・ノース▲が少年時代を過ごした町、ウィスコンシン州エジャトンも、作品に描かれた当時、タバコの栽培・製造で賑わっており、世紀転換期から一九三

▼スターリング・ノース（一九〇六～七四）　子ども向けの伝記の執筆などでも知られる作家。自伝的小説『はるかなるわがラスカル』（一九六三年）は一九一〇年代末のウィスコンシン州ブレールスフォード・ジャンクションを舞台に展開するが、この地名は創作。エジャトンの町にはノースが少年期を過ごした家が一般公開されており、一九七七年放映のアニメーションそのままの佇まいに出会える。

〇年代ころまで「世界のタバコの首都」と呼ばれたほどであった。ノースの親戚もタバコを栽培していたし、作品中でも親友の一家が葉タバコをつくっている。かつては高級な葉巻用のタバコで名をとどろかせ、今日でも嚙みタバコや嗅ぎタバコ用の葉を産している。町ではタバコ祭りが毎年開催され、アトラクションの一つとして嚙みタバコの唾飛ばし競争がおこなわれていたが、この競技が一九九〇年代にはいって各方面からの反対にあって中止されたのは示唆的であろう。タバコをめぐる状況は今を遡ること約半世紀、一九五〇年代から大きく様変わりしていくのである。

タバコは何処へ

十九世紀後半には一種の職業病と考えられていた肺ガンは、一九三〇年代にはいるとイギリスやアメリカ、ドイツの学者らによって喫煙との関係が指摘されるようになり、五〇年代に研究が急速に進展した。その結果、一九六〇年代前半には喫煙と肺ガンの因果関係について、英米において公式な報告書が出されるにいたったのである。医学知識の一般への浸透はかならずしも十分ではな

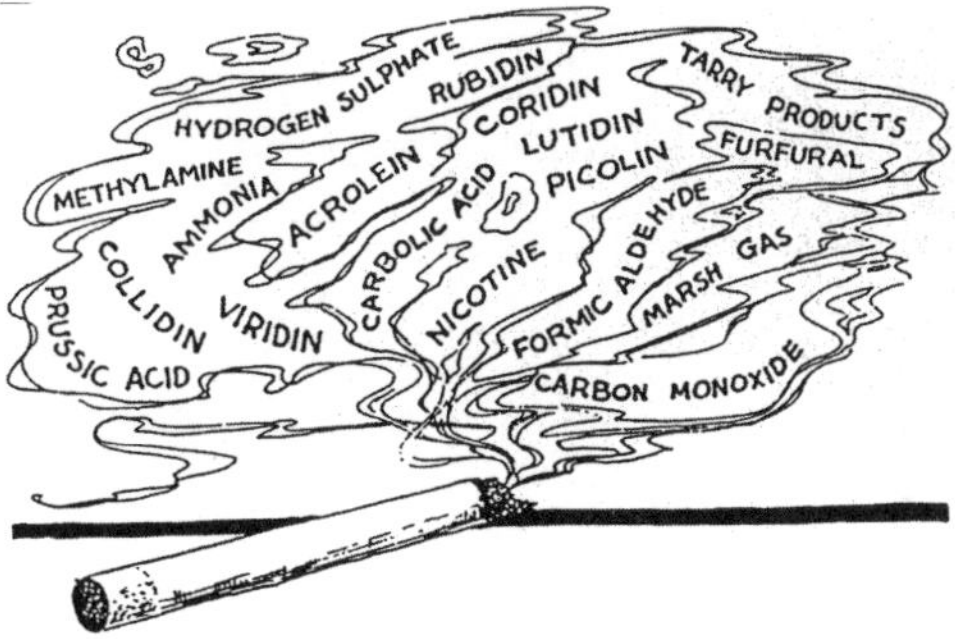

●——一九二二年に描かれた紫煙中の化学物質

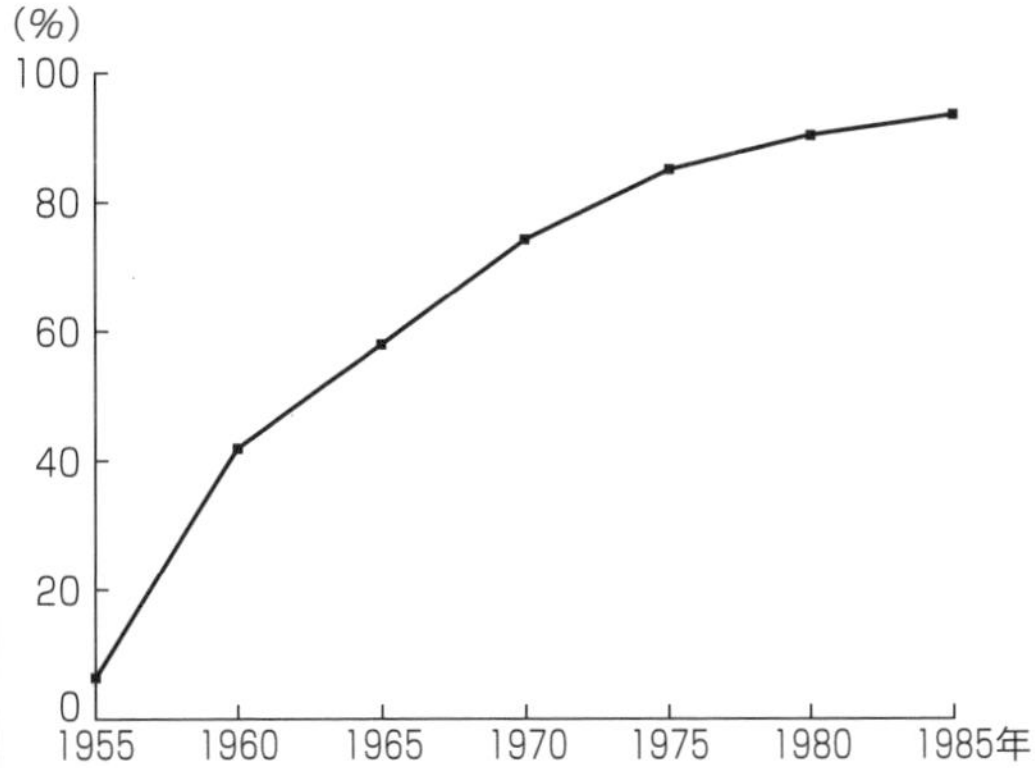

●——アメリカ合衆国の紙巻タバコ市場におけるフィルター付きタバコの占有率

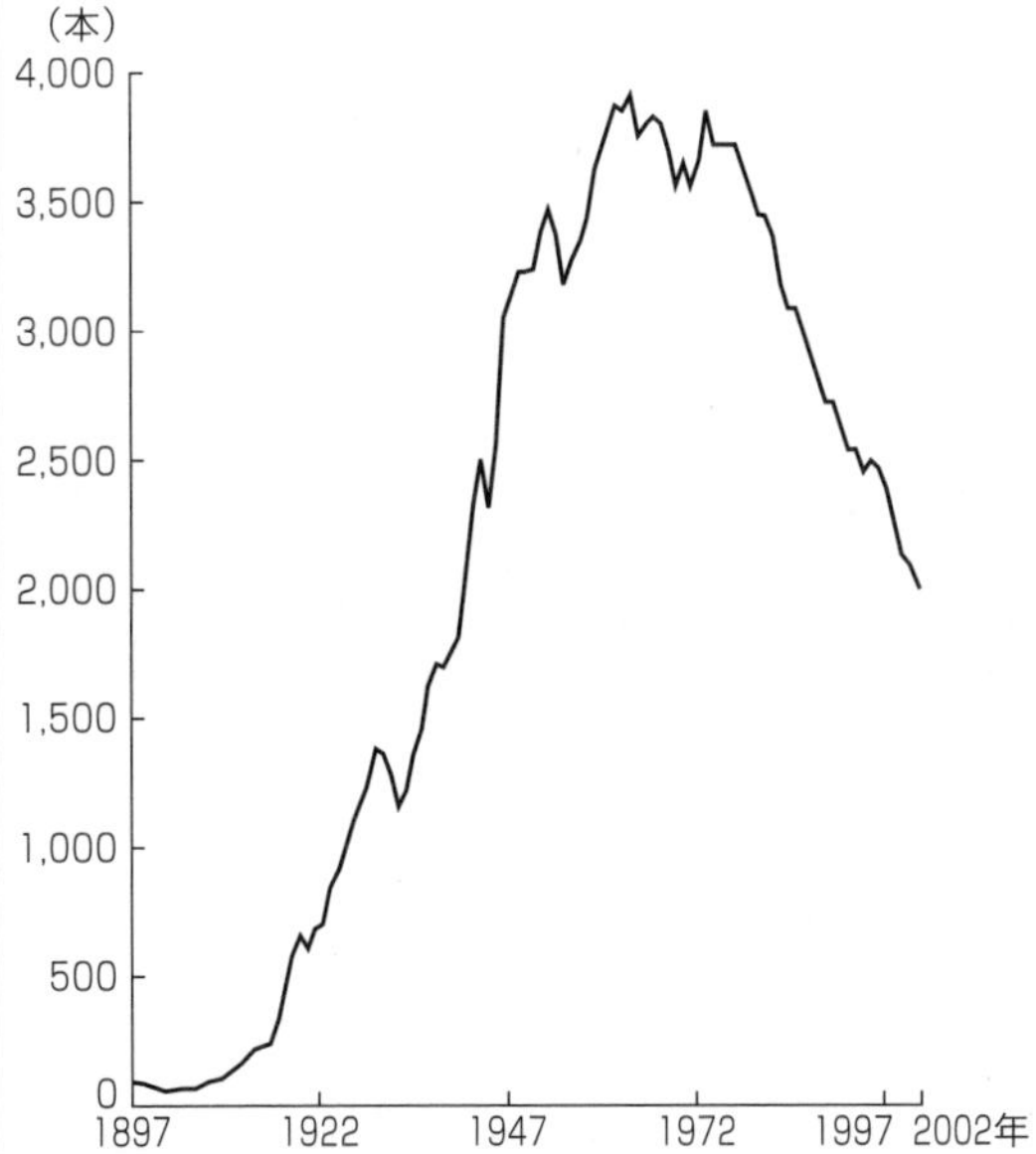

●——アメリカ合衆国における成人一人当たりの年間紙巻タバコ消費本数

▼『インサイダー』　一九九九年のアメリカ映画。二〇〇〇年日本公開。主役のジャーナリストをアル・パチーノ、元副社長をラッセル・クロウが熱演した。

かったが、健康への関心の高まりを受けて、タバコ会社はフィルター付きの紙巻タバコを一九五〇年代からつぎつぎと投入した。ロリラード社の「ケント」やR・J・レイノルズ社の「ウィンストン」などであり、以後、両切タバコは市場からしだいに駆逐されていくことになる。

一方、アメリカを中心に禁煙運動は大きなうねりをみせはじめた。各種団体の活動のほか、例えば広告で屈強な「マールボロ・マン」を演じた役者は、肺ガンにかかってからは禁煙運動の闘士と化し、レイノルズ社の創業者の孫は、一族がつぎつぎと肺気腫や肺ガンで死亡するのをまのあたりにして反タバコの論者に転じた。また映画『インサイダー』▲のモデルとなったブラウン・アンド・ウィリアムソン社の元副社長は、タバコ業界の不正を内部告発した。このような流れのなかで、アメリカでの紙巻タバコの消費が大きく減少しはじめただけでなく、以前は裁判で有利な判決を引き出しつづけていたタバコ会社側も、一九九〇年代にはいると個人訴訟に敗れるケースがあいつぎ、やがて州政府が原告となった裁判で、全米五〇州に計二四六〇億ドルという巨額の和解金の支払いをよぎなくされたのである。

一方、厳しい市場の変化を受けて、タバコ多国籍企業間では買収・合併の動きが激化した。アメリカでブラウン・アンド・ウィリアムソン社▲を中核とするBAT社は、ロリラード社の海外部門やアメリカン・タバコ社をのみこみ、さらにはイギリスを中心とした大手のロスマンズ社をも併合して世界第二位の地位を確保した。世界第一位のフィリップ・モリス社は早々とリゲット・アンド・マイヤーズ社の海外部門を手にいれ、日本たばこ（JT）もレイノルズ社（RJRナビスコ社）の海外部門、すなわちアメリカ以外での業務を買収して世界第三位のポジションをえた。ただしフィリップ・モリス社やBAT社などは事業の多角化を推進し、タバコ以外から四〜五割もの収入をえている。また次頁の表にあるように、原料となる葉タバコの栽培は中国やアメリカなど世界各地で展開され、文字どおりグローバルな状況といえる。例えば表中のブルガリアに注目するならば、トルコ葉（オリエント種）を産するこの国は、同じく葉タバコ栽培の盛んなトルコやギリシアと国境を接しており、ディーモフの長編小説『タバコ』▲を生み出した。小説では「タバコの粉塵が毒ガスのように」（松永緑彌訳）立ち込める作業場で働く、タバコ労働者たちのなまなましい描写が印象

▼ブラウン・アンド・ウィリアムソン社　二〇〇四年七月、同社とR・J・レイノルズ社の米国事業の統合により、レイノルズ・アメリカン社が新たに設立された。BAT社は新会社の株式を四二％保有している。

▼『タバコ』　ブルガリアの小説家で獣医学者ディミートル・ディーモフ（一九〇九〜六六）の作。一九五一年発表、五四年改作。タバコ会社に務めていた義父の影響もあって、タバコにかんする作中の記述は極めて詳細。なお、ブルガリア語のタバコ（チュチュン）はトルコ語からの借用。

一九九七年の世界の葉タバコ生産
（世界に占めるシェア、%）

国名	収穫量	栽培面積	国名	収穫量	栽培面積
イタリア	1.5	0.9	中国	45.6	43.9
アルゼンチン	1.4	1.3	アメリカ合衆国	9.4	6.1
パキスタン	1.1	0.9	インド	7.2	7.8
タイ	0.9	0.9	ブラジル	7.2	6.5
フィリピン	0.8	1.1	トルコ	3.3	5.5
カナダ	0.8	0.5	ジンバブエ	2.5	1.9
日本	0.8	0.5	マラウィ	1.8	2.1
ブルガリア	0.6	0.7	インドネシア	1.6	4.1
キューバ	0.4	0.8	ギリシア	1.6	1.2

深い。

ともあれこれまで生産者、消費者、流通関係者、そして政府のいずれもが、この植物のもつさまざまな意味での「依存性」の網の目にからめとられ、その絶えざる成長と拡大にたずさわってきた。しかし受動喫煙をも含むタバコの危険性が広く認知されるようになった昨今、趨勢《すうせい》は大きく変わりつつある。タバコに起因する疾病・死亡がもたらす医療コストの増加や労働力の損失、また葉タバコの乾燥に必要な木材の伐採などによる深刻な環境破壊等々、タバコの社会的損失を計算すれば、各国の税収など足元にもおよばない数値がはじき出されるともいわれる。

つまり今日のようなかたちでの紙巻タバコの大量消費は、地球に住む全人類という極めてマクロな規模で考えるならば、しだいに割に合わなくなってきているのである。保健分野での初の多国間条約「タバコ規制枠組み条約」が二〇〇三年にWHO総会で採択され、タバコ広告の原則禁止などがもりこまれたのも故なしとしない。各国での禁煙の取組みも盛んになっており、アメリカはもとより、フランスでもタバコへの増税の結果、喫煙者が四年間で一八〇万人減少し、アイルランドでは二〇〇四年に自宅を除く屋内がほぼ全面禁煙となった。またタバコ多国籍企業の攻勢にさらされたアジア諸国、例えばタイなどはタバコ規制を強化して対抗している。喫煙を悪とみなす風潮の強いブータンも、国全体での禁煙の実施を決定した。このような流れのなかでＢＡＴ社の会長自身が非喫煙者であることを認め、また自分の子どもには吸わせないと明言したことは、喫煙をめぐる環境の変化を物語ってあまりあろう。

タバコは何処へ向かうのか。命よりも大切な嗜好品など存在しうるのだろうか。今日のタバコ製品が早晩過去の遺物となることを予測する向きもある。封印が解かれ、世界に広まってから五百有余年。われわれは今、時代の大きな変化の目撃者なのである。

参考文献

『大航海時代叢書』第Ⅰ期、第一・三巻　岩波書店　一九六五・六六年
『大航海時代叢書』第Ⅱ期、第八・一〇・一一・一三・一四・一六〜二一巻　岩波書店　一九七九〜八八年
『大航海時代叢書』エクストラ・シリーズ、第一〜三巻　岩波書店　一九八五〜八六年
『アンソロジー・新世界の挑戦』第四・八巻　岩波書店　一九九四・九五年
青木正児編・内田道夫解説『北京風俗図譜』全二巻（東洋文庫）平凡社　一九六四年
青木康征編訳『完訳コロンブス航海誌』平凡社　一九九三年
ヴェルヌ（江口清訳）『海底二万リュー』（旺文社文庫）旺文社　一九七二年
ゴーゴリ（平井肇訳）『外套・鼻』（岩波文庫）岩波書店　一九六五年
コールドウェル（杉木喬訳）『タバコ・ロード』（岩波文庫）岩波書店　一九五八年
エルナンド・コロン（吉井善作訳）『コロンブス提督伝』朝日出版社　一九九二年
サッカレ（平井呈一訳）『床屋コックスの日記・馬丁粋語録』（岩波文庫）岩波書店　一九五一年
ダレ（金容権訳・梶村秀樹解説）『朝鮮事情』（東洋文庫）平凡社　一九七九年
チェーホフ（神西清他訳）『チェーホフ全集』第一一・一四巻　中央公論社　一九六八・六九年
ディーモフ（松永緑彌訳）『タバコ』恒文社　一九七六・七七年
デフォー（平井正穂訳）『ロビンソン・クルーソー』（岩波文庫）岩波書店　一九六七・七一年

ドストエフスキー（江川卓訳）『罪と罰』集英社　一九七三年
トルストイ（中村白葉訳）『トルストイ全集』第二巻　河出書房新社　一九七三年
バルザック（山田登世子訳）『風俗研究』藤原書店　一九九二年
ハーンサーリー、ヘダーヤト（岡田恵美子・奥西峻介訳）『ペルシア民俗誌』（東洋文庫）平凡社　一九九九年
ピープス（臼田昭訳）『サミュエル・ピープスの日記』第二・六巻　国文社　一九八八・九〇年
フローベール（小倉孝誠訳）『紋切型辞典』（岩波文庫）岩波書店　二〇〇〇年
ベルナツィーク（大林太良訳）『黄色い葉の精霊』（東洋文庫）平凡社　一九六八年
ホフマン（池内紀訳）『ホフマン短篇集』（岩波文庫）岩波書店　一九八四年
メリメ（杉捷夫訳）『カルメン』（岩波文庫）岩波書店　一九六〇年
メルシエ（原宏訳）『十八世紀パリ生活誌』（岩波文庫）岩波書店　一九八九年
ル・クレジオ原訳（望月芳郎訳）『チチメカ神話――ミチョアカン報告書』新潮社　一九八七年
魯迅（竹内好訳）『阿Q正伝・狂人日記』（岩波文庫）岩波書店　一九五五年

J・グッドマン（和田光弘・森脇由美子・久田由佳子訳）『タバコの世界史』平凡社　一九九六年
H・コックス（山崎廣明・鈴木俊夫監修、たばこ総合研究センター訳）『グローバル・シガレット――多国籍企業BATの経営史一八八〇～一九四五』山愛書院　二〇〇二年
J・E・ブルックス他編（TASC翻訳委員会訳）『アレンツ文庫世界たばこ文献総覧』全七巻　たばこ総合研究センター

一九九二～九八年
上野堅實『タバコの歴史』大修館書店　一九九八年
宇賀田為吉『タバコの歴史』（岩波新書）岩波書店　一九七三年
川床邦夫『中国たばこの世界』（東方選書）東方書店　一九九九年
和田光弘『紫煙と帝国――アメリカ南部タバコ植民地の社会と経済』名古屋大学出版会　二〇〇〇年
和田光弘「イギリス植民地」「南部白人社会の安定化」（歴史学研究会編『南北アメリカの五〇〇年』第一巻　青木書店　一九九二年）
和田光弘「イギリス領一三植民地の成立と展開」（野村達朗編『アメリカ合衆国の歴史』ミネルヴァ書房　一九九八年）
和田光弘「たばこの世界史」（【CD‐ROM】『NO SMOKINGたばこのしくみ』厚生省監修、財団法人日本公衆衛生協会発行　一九九九年）

Philip L. Barbour, ed., *The Complete Works of Captain John Smith,* 3 vols., University of North Carolina Press, 1986.
Thomas Harriot, *A Briefe and True Report of the New Found Land of Virginia,* New York: Dover Publications, 1972.
Arlene B. Hirschfelder, *Encyclopedia of Smoking and Tobacco,* Phoenix: Oryx Press, 1999.
Joseph C. Winter, ed., *Tobacco Use by Native North Americans: Sacred Smoke and Silent Killer,* University of Oklahoma Press, 2000.

図版出典一覧

青木正児編・内田道夫解説『北京風俗図譜』2（東洋文庫）平凡社　1964　*26*

『アンソロジー・新世界の挑戦』4　岩波書店　1994　*12*

J・グッドマン（和田光弘・森脇由美子・久田由佳子訳）『タバコの世界史』平凡社　1996　*4, 7, 61*

J・E・ブルックス他編（TASC翻訳委員会訳）『アレンツ文庫世界たばこ文献総覧』1　たばこ総合研究センター　1992　*15*下

P. L. Barbour, ed., *The Complete Works of Captain John Smith,* vol. 2, University of North Carolina Press, 1986.　*34*

J. E. Brooks, *Green Leaf and Gold: Tobacco in North Carolina,* North Carolina Division of Archives and History, 1997.　*28, 63*左

T. Harriot, *A Briefe and True Report of the New Found Land of Virginia,* New York: Dover Publications, 1972.　*29*

A. B. Hirschfelder, *Encyclopedia of Smoking and Tobacco,* Phoenix: Oryx Press, 1999.　*43, 63*右*, 71, 79, 83*上

F. C. Pampel, *Tobacco Industry and Smoking,* New York: Facts On File, 2004.　*83*下

J. M. Price, *France and the Chesapeake: A History of the French Tobacco Monopoly, 1674-1791, and of Its Relationship to the British and American Tobacco Trades,* vol. 1, University of Michigan Press, 1973.　*44, 45*

J. Wilbert, *Tobacco and Shamanism in South America,* Yale University Press, 1987.　*10*

J. C. Winter, ed., *Tobacco Use by Native North Americans: Sacred Smoke and Silent Killer,* University of Oklahoma Press, 2000.　*6, 15*上

ユニフォト・プレス提供　カバー表, 扉

矢野智雄撮影　カバー裏

著者撮影　*6,30, 33, 35, 56, 62, 64*

世界史リブレット⑨⓪

タバコが語《かた》る世界史《せかいし》

2004年12月25日　1版1刷発行
2023年1月31日　1版7刷発行

著者：和田光弘《わだみつひろ》

発行者：野澤武史

装幀者：菊地信義

発行所：株式会社 山川出版社

〒101-0047　東京都千代田区内神田1-13-13
電話　03-3293-8131(営業)　8134(編集)
https://www.yamakawa.co.jp/
振替 00120-9-43993

印刷所：明和印刷株式会社

製本所：株式会社 ブロケード

 ISBN978-4-634-34900-1

世界史リブレット　第Ⅰ期［全56巻］

〈すべて既刊〉

1. 都市国家の誕生
2. ポリス社会に生きる
3. 古代ローマの市民社会
4. マニ教とゾロアスター教
5. ヒンドゥー教とインド社会
6. 秦漢帝国へのアプローチ
7. 東アジア文化圏の形成
8. 中国の都市空間を読む
9. 科挙と官僚制
10. 西域文書からみた中国史
11. 内陸アジア史の展開
12. 歴史世界としての東南アジア
13. 東アジアの「近世」
14. アフリカ史の意味
15. イスラームのとらえ方
16. イスラームの都市世界
17. イスラームの生活と技術
18. 浴場から見たイスラーム文化
19. オスマン帝国の時代
20. 中世の異端者たち
21. 修道院にみるヨーロッパの心
22. 東欧世界の成立
23. 中世ヨーロッパの都市世界
24. 中世ヨーロッパの農村世界
25. 海の道と東西の出会い
26. ラテンアメリカの歴史
27. 宗教改革とその時代
28. ルネサンス文化と科学
29. 主権国家体制の成立
30. ハプスブルク帝国
31. 宮廷文化と民衆文化
32. 大陸国家アメリカの展開
33. フランス革命の社会史
34. ジェントルマンと科学
35. 国民国家とナショナリズム
36. 植物と市民の文化
37. イスラーム世界の危機と改革
38. イギリス支配とインド社会
39. 東南アジアの中国人社会
40. 帝国主義と世界の一体化
41. 変容する近代東アジアの国際秩序
42. アジアのナショナリズム
43. 朝鮮の近代
44. 日本のアジア侵略
45. バルカンの民族主義
46. 世紀末とベル・エポックの文化
47. 二つの世界大戦
48. 大衆消費社会の登場
49. ナチズムの時代
50. 歴史としての核時代
51. 現代中国政治を読む
52. 中東和平への道
53. 世界史のなかのマイノリティ
54. 国際体制の展開
55. 国際経済体制の再建から多極化へ
56. 南北・南南問題

世界史リブレット　第Ⅱ期［全36巻］

〈すべて既刊〉

57. 歴史意識の芽生えと歴史記述の始まり
58. ヨーロッパとイスラーム世界
59. スペインのユダヤ人
60. サハラが結ぶ南北交流
61. 中国史のなかの諸民族
62. オアシス国家とキャラヴァン交易
63. 中国の海商と海賊
64. ヨーロッパからみた太平洋
65. 太平天国にみる異文化受容
66. 日本人のアジア認識
67. 朝鮮からみた華夷思想
68. 東アジアの儒教と礼
69. 現代イスラーム思想の源流
70. 中央アジアのイスラーム
71. インドのヒンドゥーとムスリム
72. 東南アジアの建国神話
73. 地中海世界の都市と住居
74. 啓蒙都市ウィーン
75. ドイツの労働者住宅
76. イスラームの美術工芸
77. バロック美術の成立
78. ファシズムと文化
79. オスマン帝国の近代と海軍
80. ヨーロッパの傭兵
81. 近代技術と社会
82. 近代医学の光と影
83. 東ユーラシアの生態環境史
84. 東南アジアの農村社会
85. イスラーム農書の世界
86. インド社会とカースト
87. 中国史のなかの家族
88. 啓蒙の世紀と文明観
89. 女と男と子どもの近代
90. タバコが語る世界史
91. アメリカ史のなかの人種
92. 歴史のなかのソ連